全国技工院校3D打印技术应用专业教材

（中/高级技能层级）

真空复模

人力资源社会保障部教材办公室　组织编写

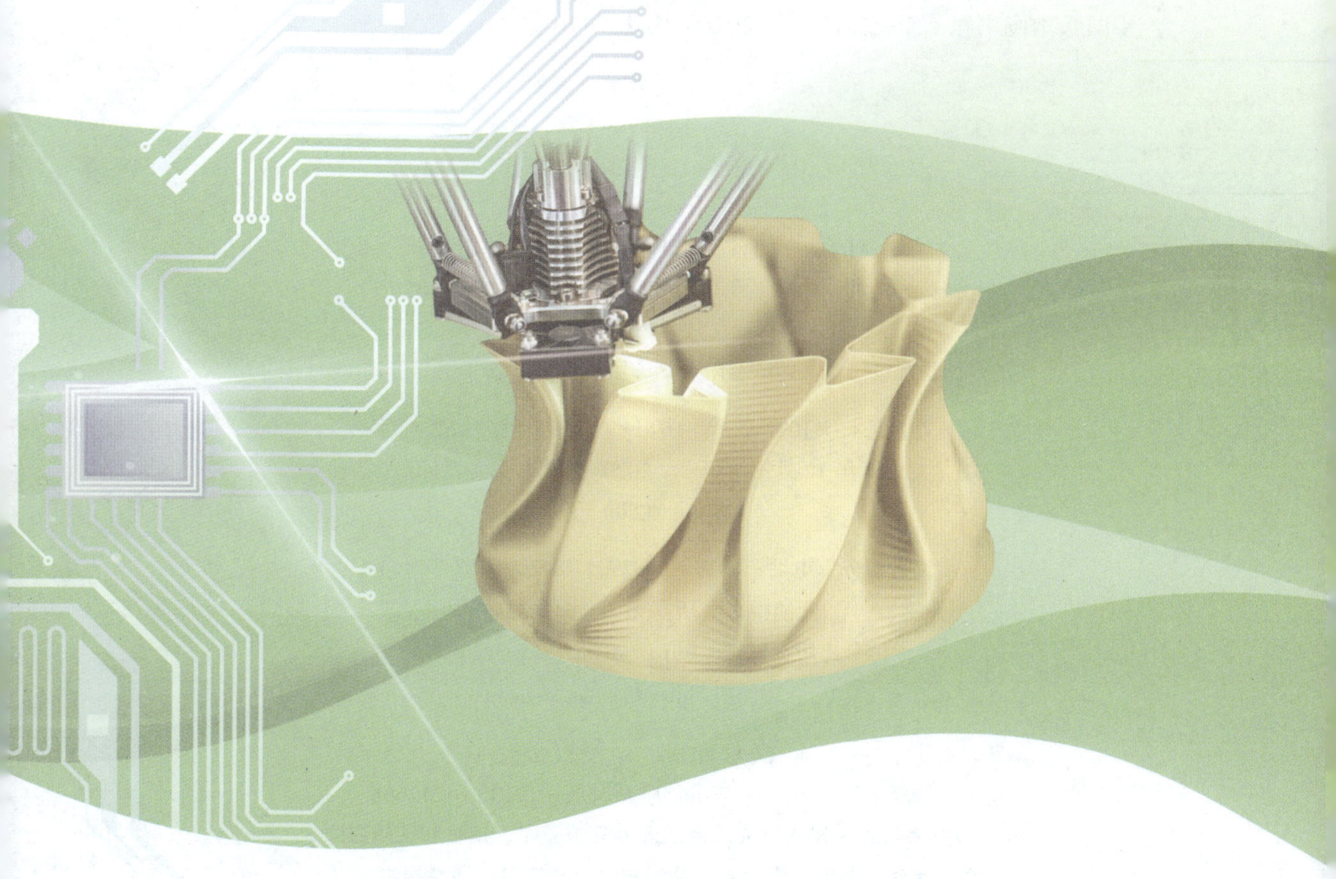

中国劳动社会保障出版社

简介

本书主要内容包括自行车调速器真空浇注、无人机底座硅胶模具制作、手机外壳真空复模等。本书为国家级职业教育规划教材，供技工院校 3D 打印技术应用专业教学使用，也可作为职业培训用书，或供从事相关工作的有关人员参考。

图书在版编目（CIP）数据

真空复模 / 人力资源社会保障部教材办公室组织编写. -- 北京：中国劳动社会保障出版社，2020

全国技工院校 3D 打印技术应用专业教材. 中 / 高级技能层级

ISBN 978-7-5167-4661-5

Ⅰ. ①真…　Ⅱ. ①人…　Ⅲ. ①立体印刷 – 印刷术 – 技工学校 – 教材　Ⅳ. ①TS853

中国版本图书馆 CIP 数据核字（2020）第 227340 号

中国劳动社会保障出版社出版发行

（北京市惠新东街 1 号　邮政编码：100029）

*

北京宏伟双华印刷有限公司印刷装订　　新华书店经销

787 毫米 ×1092 毫米　16 开本　10.5 印张　220 千字

2020 年 12 月第 1 版　　2020 年 12 月第 1 次印刷

定价：32.00 元

读者服务部电话：（010）64929211/84209101/64921644

营销中心电话：（010）64962347

出版社网址：http://www.class.com.cn

http://jg.class.com.cn

技工院校 3D 打印技术应用专业
教材编审委员会名单

编审委员会

主　　任：刘　春　程　琦

副 主 任：刘海光　杜庚星　曹江涛　吴　静　苏军生

委　　员：胡旭兰　周　军　徐廷国　金君堂　张利军　何建铵
庞恩泉　颜芳娟　郭利华　高　杨　张　毅　张　冲
郑艳萍　王培荣　苏扬帆　杨振虎　朱凤波　王继武

技术支持：国家增材制造创新中心

本书编审人员

主　　编：缪树均

副 主 编：胡旭兰　焦　钰

参　　编：朱泽华　梁俊文　戈建清　钟锋良　陈　李

主　　审：王继武　田　喆

前言

PREFACE

2015 年，国务院印发《中国制造 2025》行动纲领，部署全面推进实施制造强国战略，提出要坚持“创新驱动、质量为先、绿色发展、结构优化、人才为本”的基本方针，解决“核心基础零部件（元器件）、先进基础工艺、关键基础材料和产业技术基础”等问题，以 3D 打印为代表的先进制造技术产业应用和产业化势在必行。

增材制造（Additive Manufacturing）俗称 3D 打印，是融合了计算机辅助设计、材料加工与成形技术，以数字模型文件为基础，通过软件与数控系统将专用的金属材料、非金属材料以及医用生物材料，按照挤压、烧结、熔融、光固化、喷射等方式逐层堆积，制造出实体物品的制造技术。当前，3D 打印技术已经从研发转向产业化应用，其与信息网络技术的深度融合，将给传统制造业带来变革性影响，被称为新一轮工业革命的标志性技术之一。

随着产业的迅速发展，3D 打印技术应用人才的需求缺口日益凸显，迫切需要各地技工院校开设相关专业，培养符合市场需求的技能型人才。为了满足全国技工院校 3D 打印技术应用专业的教学要求，人力资源社会保障部教材办公室组织有关学校的骨干教师和行业、企业专家，开发了本套全国技工院校 3D 打印技术应用专业教材。

本次教材开发工作的重点主要体现在以下几个方面：

第一，通过行业、企业调研确定人才培养目标，构建课程体系。

通过行业、企业调研，掌握企业对 3D 打印技术应用专业人才的岗位需求和发展趋势，确定人才培养目标，构建科学合理的课程体系。根据课程的教学目标以及学生的认知规律，构建学生的知识和能力框架，在教材中展现新技术、新设备、新材料、新工艺，体现教材的先进性。

第二，坚持以能力为本位，突出职业教育特色。

教材采用项目—任务的模式编写，突出职业教育特色，项目选取企业的代表性工作任务进行教学转化，有机融入必要的基础知识，知识以够用、实用为原则，以满足社会对技能型人才的需要。同时，在教材中突出对学生创新意识和创新能力的培养。

第三，丰富教材表现形式，提升教学效果。

为了使教材内容更加直观、形象，教材中使用了大量的高质量照片，避免大段文字描述；精心设计栏目，以便学生更直观地理解和掌握所学内容，符合学生的认知规律；部分教

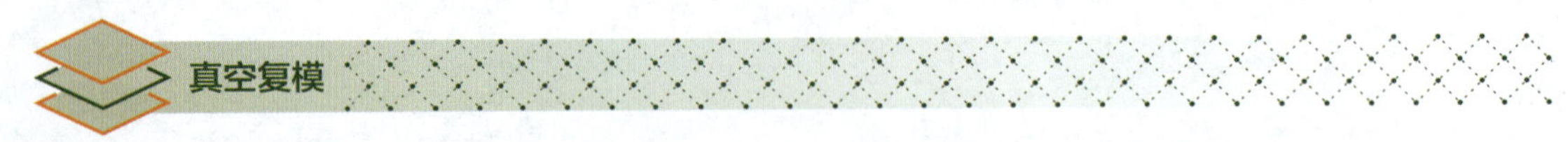

材采用四色印刷，图文并茂，增强了教材内容的表现效果。

第四，开发多种教学资源，提供优质教学服务。

在教学服务方面，为方便教师教学和学生学习，配套提供了制作素材、电子课件、教案示例等教学资源，可通过技工教育网（http://jg.class.com.cn）下载使用。除此之外，在部分教材中还借助二维码技术，针对教材中的重点、难点内容，开发制作了微视频、动画等，可使用移动设备扫描书中二维码在线观看。

在教材的开发过程中，得到了快速制造国家工程研究中心的大力支持，保证了教材的编写质量和配套资源的顺利开发，在此表示感谢。此外，教材的编写工作还得到了河北、辽宁、江苏、山东、河南、广东、陕西等省人力资源社会保障厅及有关学校的大力支持，在此我们表示诚挚的谢意。

人力资源社会保障部教材办公室

2019 年 6 月

目录
CONTENTS

绪 论

项目一 自行车调速器真空浇注

任务 1 真空复模安全文明生产 004
任务 2 真空复模设备认知 011
任务 3 自行车调速器真空浇注生产 027

项目二 无人机底座硅胶模具制作

任务 1 无人机底座原型件前期处理 052
任务 2 无人机底座硅胶模具模框制作 061
任务 3 无人机底座硅胶模具硅胶脱泡与固化........ 075
任务 4 无人机底座硅胶模具制作........ 085

项目三 手机外壳真空复模

任务 1 手机外壳原型件三维造型........ 095
任务 2 手机外壳 Magics RP 数据处理........ 112
任务 3 手机外壳 3D 打印快速成型........ 126
任务 4 手机外壳的真空复模生产........ 140
任务 5 真空复模制品缺陷分析与处理 154

绪论

3D 打印技术作为一种新型制造技术在制造业的推广使用，尤其是在模型制造业的应用，使得传统的模型制造技术发生了根本性的技术变革。利用 3D 打印产品作为原型件，结合真空复模技术，可以实现高效率、小批量产品的制作。真空复模是快速模具制造技术的一种，是在真空状态下利用产品原型件制作出硅胶模具，并在真空状态下向硅胶模具浇注材料，复制出与产品原型件相同的塑件的快速制造技术。图 1 所示为真空注型机与硅胶模具。真空复模能大大降低产品的开发费用、周期和风险，有效地解决企业新品研发的周期和成本问题，具有周期短、效率高、成本低的综合优势，在模型生产企业应用前景广阔。

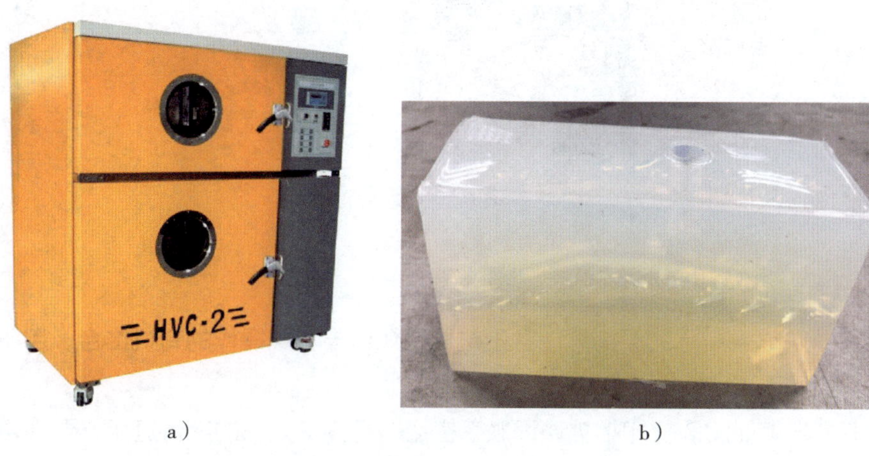

a）　　b）

图 1　真空注型机与硅胶模具

a）真空注型机　b）硅胶模具

1. 本课程的主要学习内容

真空复模课程作为 3D 打印技术应用专业的主干课程，其综合应用了产品三维建模、3D 打印工艺规划与数据处理、3D 打印设备操作与维护、3D 打印产品后处理等课程的相关知识。本课程重点围绕真空复模的基本工作原理、设备操作方法和复模技术，以项目载体为中心组织教学内容，选取了三个真实的典型工业产品作为学习项目，并以任务驱动的方式编排学习内容和过程。

项目一自行车调速器真空浇注是用已制作好的硅胶模具进行真空浇注生产，着重了解真空复模技术的特点和加工工艺流程，熟悉真空复模设备使用方法和真空浇注的工艺流程。

项目二无人机底座硅胶模具制作主要是由客户提供原型件进行硅胶模具制作，着重学习硅胶模具制作技能。

项目三手机外壳真空复模是由客户提供二维平面图进行完整的真空复模生产，综合学习真空复模工艺。

本书既强调基础，又力求体现新知识、新技术，按工作岗位需要的核心能力精心设计每个工作任务，工作任务的内容与企业工作过程相结合，让学习者在做中学、学中做。图 2 所示为正在进行的真空复模生产。

图 2　真空复模生产

2. 本课程的主要学习方法

（1）坚持理论联系实际的原则，注意工艺理论知识与实践操作的有机结合，用所学理论去分析问题、指导实践。

（2）本课程与其他 3D 打印相关课程联系密切，是许多知识的综合运用，要利用已学知识进一步学好本课程。

（3）作为从事 3D 打印、模型制造的专业人员，应具有强烈的责任感和使命感，要不断地学习新技术、新工艺、新材料和新设备知识。

3. 本课程的学习目的和意义

通过本课程的学习，基本掌握真空复模的工作原理，认识真空复模常用设备和工具，掌握真空注型机的基本操作，能综合应用产品三维建模、3D 打印工艺规划与数据处理、3D 打印设备操作与维护、3D 打印产品后处理等课程的相关知识进行真空复模生产的原型件制作，能进行硅胶模具的制作并使用硅胶模具进行浇注生产。通过综合练习，最终能够达到应用所学知识和技能在产品的小批量快速成型制造岗位上发挥专业所长的目的，延伸 3D 打印技术应用的范围。

项目一

自行车调速器真空浇注

学习目标

1. 了解真空复模技术的特点和加工工艺流程。

2. 能按照车间安全防护规定穿戴防护用品，牢固树立正确的安全文明操作意识，执行安全操作规程。

3. 能正确选用真空复模所需工量具，熟练操作常见真空复模设备。

4. 熟悉真空浇注的工艺流程，能独立完成自行车调速器的真空浇注。

项目描述

现接到生产儿童自行车某公司一批加工订单，要求生产如图 1-0-1 所示的自行车调速器 40 个。该零件材料为 ABS，大小约为 ϕ30 mm×20 mm，零件上有通孔、内卡槽和防滑纹。真空复模车间已完成硅胶模具制作，本项目需要完成真空浇注生产。

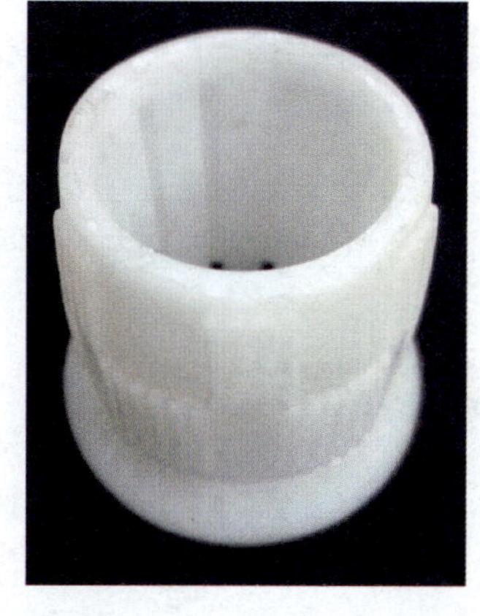

图 1-0-1　自行车调速器

小贴士

教材中各项目所涉及零件的 STL 文件均可通过技工教育网 http://jg.class.com.cn 免费下载。

项目分析

接受工作任务后，应首先了解工作场地的环境、设备管理要求以及安全文明生产要求等，分析工艺步骤，学习真空复模设备使用方法，然后称量产品所需树脂量，独立完成自行车调速器真空浇注生产过程，并按现场管理规范要求清理场地、归置物品，按环保要求处理废弃物。该项目可由以下三个任务分步完成：

任务 1　真空复模安全文明生产；

任务 2　真空复模设备认知；

任务 3　自行车调速器真空浇注生产。

任务 1　真空复模安全文明生产

学习目标

1. 能按照车间安全防护规定穿戴防护用品，牢固树立正确的安全文明操作意识，执行安全操作规程。

2. 能拥有踏实严谨、精益求精的工作态度以及爱岗敬业、团结协作的工作作风。

3. 熟悉车间“6S”管理制度，能按车间现场管理规定和要求整理现场。

任务引入

安全文明生产是企业生产管理的重要内容之一，直接影响设备的使用寿命、企业的正常生产、企业的产品质量和经济效益。因此，上岗前必须熟悉安全文明生产要求。

相关知识

一、真空复模安全文明生产要求

1. 实训前安全培训：实训前必须经安全培训合格后方能进入车间操作，实训过程中必须严格遵守生产安全操作规程。

2. 实训前准备工作：准备好各工位所用工具，穿戴好个人安全防护用品（如各工位所用工作服、防护手套、防毒口罩、护目镜等），整理好首饰、头发，女工要把头发及辫子放入工作帽内，不得穿高跟鞋。检查设备电源是否接好、有无破损，运转状况是否正常，排除现场其他不安全因素。

3. 各岗位必须严格按照本工作岗位的作业流程和作业指导书要求，遵从车间安全生产指引进行作业。

4. 当设备出现异常时，应立即按设备使用程序停机并及时上报，禁止自作主张贸然采取措施；机器设备需要清洁时，必须先关闭电源。

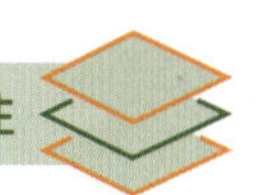

5. 勿贪快、勿冒险，不明白要主动发问，遵守规定。
6. 当发现有不安全情况及损坏时，应立即反映至工序负责人。
7. 必须熟悉自己岗位所属工序各种部件的属性，然后再进行操作。
8. 在不能确定安全前，不能开动设备；非经许可，不可使用其他岗位任何机器。
9. 禁止在车间内嬉戏打闹、吸烟酗酒。
10. 离开工作岗位时，应确保设备已关机（或做好交接），且工作场地安全。

二、正确规范的着装要求

正确规范的着装要求如图 1-1-1 所示。具体要求如下：

1. 衣服：必须穿着符合要求的工作服。
2. 上衣袖口：袖口必须扣好纽扣。
3. 工作鞋：要穿有防扎、防滑作用的工作鞋。
4. 防护用品：必须正确穿戴防护用品，如工作帽、防护手套、防尘口罩、防毒口罩、护目镜等。
5. 首饰：上岗不得佩戴首饰。

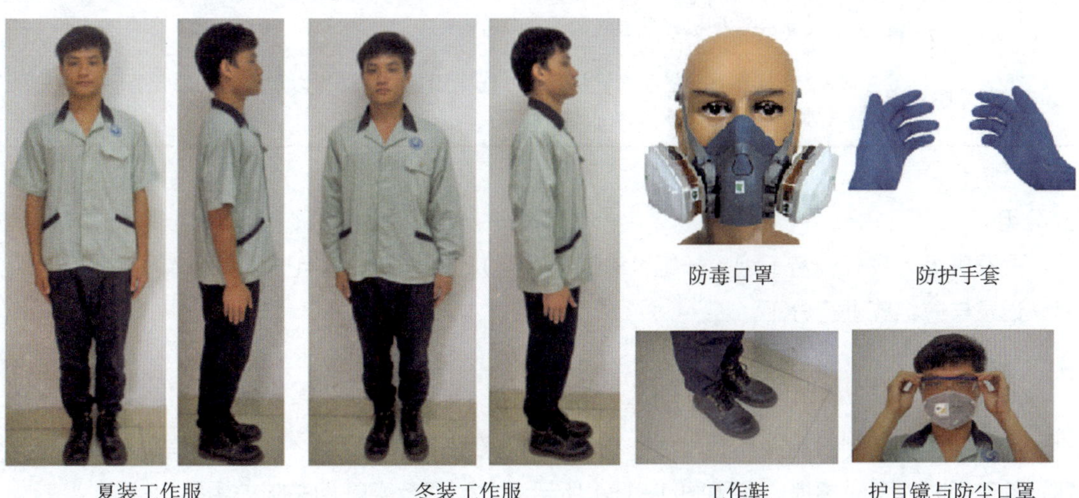

图 1-1-1　正确规范的着装要求

三、真空复模生产安全注意事项

1. 应在良好的通风环境中工作。
2. 穿工作服，戴防护手套、护目镜、工作帽等防护用品。
3. 预备必要的急救药品，如洗眼水、创可贴、碘伏、眼药水等。
4. 在搅拌硅胶时需要戴防毒口罩、护目镜、防护手套等防护用品，以免伤及身体。

5. 在称量和搅拌树脂材料时需要戴防毒口罩、防护手套等防护用品，以免伤及身体。
6. 要注意防尘，防止火灾、触电等意外发生。
7. 要配备吸尘器，对工作场所进行定期除尘。
8. 设备使用完后，要进行彻底清洁和设备维护。

任务实施

一、任务准备

1. 车间准备

根据任务要求联系真空复模车间管理员，提前准备相应的设备及防护用品等，见表 1-1-1。

▼ 表 1-1-1　设备及防护用品清单

序号	类别	准备内容
1	设备	真空注型机、恒温鼓风干燥箱等
2	防护用品	工作服、防护手套、护目镜、防尘口罩、工作帽以及必要的急救药品（如洗眼水、创可贴、碘伏、眼药水）等

2. 分组

根据班级人数分成若干组（一组 4～6 人最佳），并选出一名组长，同组人员对操作、观察、记录与总结等进行分工。

二、检查防护用品并规范着装

按照安全管理制度和操作规程要求检查和维护保养防护用品，如果发现有损坏或不能达到防护作用时应及时更换。参照图 1-1-1 所示要求，规范穿戴相关防护用品。

三、参观真空复模车间，学习车间安全操作规程

操作规程一般是指相关部门为保证本部门的生产、工作能够安全、稳定、有效运转而制定的，相关人员在操作设备或办理业务时必须遵循的程序或步骤。新员工可以按照这样的操作规程去操作，避免发生错误或带来不必要的损失。表 1-1-2 为恒温鼓风干燥箱安全操作规程，表 1-1-3 为真空注型机安全操作规程。参观真空复模车间，并对照表 1-1-2 和表 1-1-3 学习真空复模车间的相关操作规程。

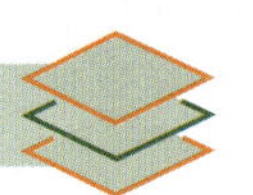

▼ 表 1-1-2　恒温鼓风干燥箱安全操作规程

文件名	恒温鼓风干燥箱安全操作规程			文件编号	
版本		生效日期	年　月　日	页次	第　页

1. 目的

为使操作员能正确、安全地使用恒温鼓风干燥箱，制定本安全操作规程。

2. 适用范围

适用于使用、管理恒温鼓风干燥箱的操作员、管理员。

3. 职责

操作员、管理员应严格执行此规程。

4. 操作规程

4.1　恒温鼓风干燥箱要按照铭牌上所规定的温度范围使用，恒温鼓风干燥箱附近不得堆放油盆、油桶、棉纱、布屑等易燃物品，不得在恒温鼓风干燥箱旁进行洗涤、刮漆和喷漆等工作。

4.2　要防止其他物件落入恒温鼓风干燥箱底部与电阻丝接触造成短路。

4.3　通电前必须检查漏电保护器、地线、电缆、开关是否良好，检查箱门是否合上。确认无误后，合上开关通电，调节适当温度，进行预加热。

4.4　恒温鼓风干燥箱工作前必须将通风闸门打开，以防爆炸。

4.5　应经常保持恒温鼓风干燥箱内、外的整洁，在烘烤产品结束后，应及时清扫恒温鼓风干燥箱内残留物，并将恒温鼓风干燥箱摆放整齐，待下次使用。在开关恒温鼓风干燥箱门或放进、拿出物品时，要做到轻、缓。

4.6　恒温鼓风干燥箱工作时，严禁将无关的东西放入恒温鼓风干燥箱，严禁直接用手接触恒温鼓风干燥箱内部、加热管、烤盘。产品被拿出恒温鼓风干燥箱后不得直接用手接触产品，防止烫伤。

4.7　恒温鼓风干燥箱工作时不得进行清洁工作，更不得用汽油擦拭。

4.8　打开恒温鼓风干燥箱门时，应将面部远离箱门，避免热气灼伤面部。

4.9　用汽油、煤油、酒精等易燃液洗涤过的零件及喷过漆的物品，应在室温下放置 15～30 min，待绝大部分易燃液体挥发后，才能放入恒温鼓风干燥箱内烘烤，室内应注意通风。

4.10　非金属物品放入恒温鼓风干燥箱内加温时，一定要按照工艺规程进行。

4.11　当恒温鼓风干燥箱烘烤结束后，应立即断开电源，并认真填写设备使用记录表。

4.12　不得在恒温鼓风干燥箱内存放物品，如工具、器材、零件及油料挥发物等。

4.13　按设备维护保养规定做好设备维护保养工作，并认真填写设备维护保养记录表。

4.14　在操作过程中如有异常情况，应立即停机断电，并及时与厂家联系处理。

4.15　若设备发生事故，操作员要注意保护现场，并向管理员如实说明事故发生前后的情况，以利于分析问题，查找事故原因，防止事故进一步扩大，避免以后发生类似事故。管理员应当立即将事故情况报告上级部门组织处理。

4.16　违反以上安全操作规程，使设备发生事故而导致设备损坏的，要按规定处理并赔偿损失。

▼ 表 1-1-3　真空注型机安全操作规程

文件名	真空注型机安全操作规程			文件编号	
版本		生效日期	年　月　日	页次	第　页

1. 目的

为使操作员能正确、安全地使用真空注型机，制定本安全操作规程。

续表

2. 适用范围
适用于使用、管理真空注型机的操作员、管理员。
3. 职责
操作员、管理员应严格执行此规程。
4. 操作规程
4.1 进入车间必须按规定正确穿戴防护用品，女工必须戴好工作帽，头发或辫子应放入工作帽内。
4.2 进入车间要穿工作服及盖面平跟鞋，严禁穿凉鞋、拖鞋、背心、短裤、裙子进入车间。
4.3 开机前必须检查设备控制箱，确保其工作正常，各开关及手柄底座完好，并在规定的位置上。
4.4 使用真空注型机需向车间管理员申请，未经管理员同意，严禁擅自操作真空注型机。
4.5 检查真空室，不能有废弃物或杂物。接通电源，启动真空泵，检查运转方向是否正确。如果正确再启动抽真空试验，一切正常后，放气待用。
4.6 检查倒料和搅拌装置是否工作正常，检查作业现场、浇注工作台是否符合要求。
4.7 关上真空室门后检查其密封性，以达到要求的真空度（观察压力表是否变化）。
4.8 工作完毕后，清理真空室、搅拌器和升降平台等，打扫周围卫生，关闭电源，填写记录。
4.9 非操作员不可在控制面板上对设备的参数进行更改及设置，如果需修改其他参数，必须请示并经批准后方可进行。
4.10 要经常注意真空泵的运转情况，如果有异响，应立即停机，并及时报告。
4.11 浇注速度应遵循一慢、二快、三稳的原则。
4.12 调配材料时必须戴手套进行操作，操作真空注型机时严禁戴手套。
4.13 工作完成后，要关闭电源，清洗工作面，并认真填写设备使用记录表。
4.14 按设备维护保养规定做好设备维护保养工作，并认真填写设备维护保养记录表。
4.15 在操作过程中若有异常情况，应立即按设备使用程序停机并及时上报。
4.16 若设备发生事故，操作员要注意保护现场，并向管理员如实说明事故发生前后的情况，以利于分析问题，查找事故原因，防止事故进一步扩大，避免以后发生类似事故。管理员应当立即将事故情况报告上级部门组织处理。
4.17 违反以上安全操作规程，使设备发生事故而导致设备损坏的，要按规定处理并赔偿损失。

四、学习真空复模生产车间的“6S”管理制度

“6S”管理是现代工厂行之有效的现场管理理念和方法，其作用是提高效率，保证质量，使工作环境整洁有序，预防为主，保证安全。“6S”管理制度如图 1-1-2 所示。

1. 整理（SEIRI）——要与不要，留弃果断。将工作场所的物品区分为有必要和没有必要两类，除了有必要的留下来，其他的都清除掉。整理的目的是腾出空间，活用空间，防止误用，塑造清爽的工作场所。

2. 整顿（SEITON）——科学布局，取用快捷。把留下来的必要物品按规定位置摆放整齐并加以标识。整顿的目的是使工作场所一目了然，消除寻找物品的时间，消除过多的积压物品。

3. 清扫（SEISO）——清除垃圾，美化环境。将工作场所内看得见与看不见的地方清扫干净，保持工作场所干净、亮丽。清扫的目的是稳定品质，减少工业伤害。

4. 清洁（SEIKETSU）——形成制度，贯彻到底。将整理、整顿、清扫进行到底，并且制度化，保持环境外在清洁美观的状态。清洁的目的是创造明朗现场，维持上面“3S”成果。

5. 安全（SECURITY）——安全操作，生命第一。重视成员安全教育，每时每刻都有“安全第一”的观念，防患于未然。目的是建立起安全生产的环境，所有的工作应建立在安全的前提下。

6. 素养（SHITSUKE）——养成习惯，以人为本。每位成员养成良好的习惯，并按规则做事，培养积极主动的精神（也称习惯性）。目的是培养有好习惯、遵守规则的员工。

图 1-1-2 “6S”管理制度

五、查阅资料，小组讨论真空复模在工业产品制造业中的地位及发展趋势

随着工业产品开发速度的不断加快，用树脂制作工业模型的需求也在不断增加。通常在大批量生产工业塑料产品之前，需要先做出样品来评估成品的外观形状或进行功能性安装试验等，来决定产品的最终设计。查阅相关资料，了解并讨论真空复模在工业产品制造业中的地位及发展趋势，记录在表 1-1-4 中。

▼ 表 1-1-4　资料收集表

时间		主题	真空复模在工业产品制造业中的地位及发展趋势
主持人		成员	
讨论过程			
结论			
个人职业规划			

任务测评

按表 1-1-5 所列评价要点进行任务评价，并将结果填入表中。

▼ 表 1-1-5　任务评价表

班级		姓名		学号		日期	年　月　日
序号	**评价要点**					**配分（分）**	**得分（分）**
1	能说出车间场地管理要求					20	
2	能说出车间常用设备安全操作规程					20	
3	防护用品穿戴整齐，符合着装要求					20	
4	了解真空复模在工业产品制造业中的地位及发展趋势					10	
5	安全意识、责任意识强					6	
6	积极参加学习活动，按时完成各项任务					6	
7	团队合作意识强，善于与人交流和沟通					6	
8	自觉遵守劳动纪律，不迟到、不早退，中途不离开实训现场					6	
9	严格遵守“6S”管理要求					6	
小结建议					总计	100	

任务 2　真空复模设备认知

学习目标

1. 熟悉真空复模的技术原理与特点。
2. 熟悉真空复模技术的加工工艺流程。
3. 了解真空复模技术的应用。
4. 熟悉真空复模车间主要设备的结构及功能。
5. 能熟练操作恒温鼓风干燥箱、真空注型机和电子秤等设备。

任务引入

真空复模技术作为快速模具制造技术的一种，目前在小批量定制产品制造领域的应用越来越广泛。本任务主要认识真空复模的主要设备，熟悉真空复模设备的结构和使用方法。

相关知识

一、真空复模技术简介

真空复模是在真空状态下利用产品原型件制作出硅胶模具，并在真空状态下向硅胶模具浇注材料，复制出与产品原型件相同的塑件。真空复模一般采用 3D 打印技术制作原型件（母件）。

真空复模技术采用硅胶模具来进行生产制造。由于硅胶具有良好的仿真性和强度、极低的收缩率，所以用该材料制造弹性模具简单易行。硅胶模具能经受重复使用和粗劣操作，能保持制件原型和批量生产产品的精密公差，并能直接加工出形状复杂的零件，免去铣削和打磨加工等工序，而且脱模十分容易，可大大缩短产品的试制周期。此外，由于硅胶模具具有良好的柔性和弹性，对于结构复杂、花纹精细、无脱模斜度以及具有深凹槽的零件来说，制件浇注完成后均可直接取出，这是相对于其他模具的独特之处。真空复模技术大大降低了产品的开发费用和风险，缩短了开发周期，较好地解决了企业新品研发的周期和成本问题。

1. 真空复模技术的优点

（1）多样的原型材质。可用一个原型制作出多个复制品，原型的材质可以是金属、塑胶、石膏等。

（2）良好的脱模性。由于硅胶模具有弹性，所以即使是很复杂的零件，甚至产品有倒钩，也可照常脱模。

（3）良好的制模操作性。固化成型后的软模具为透明或半透明状，具有较好的抗拉强度，便于切割分型。

（4）良好的重复性。制模用的硅胶在固化前具有良好的流动性，配合真空脱泡，可以准确保持模型的细致结构，气泡极少，几乎不存在因壁厚不同而产生的“缩水”现象，可得到更好的产品样件。

（5）可实现单工序多件生产。即将一件成品的所有组件模具放入真空注型机内，而且用同一种原料一次浇注完成。

2. 真空复模技术的加工工艺流程

利用真空复模技术快速制作塑件的工艺流程如图 1-2-1 所示。

3. 真空复模技术的应用

真空复模技术可广泛应用于汽车部件（如车灯、仪表板、内饰件）、机械零部件、家用电器（如电冰箱、洗衣机、微波炉）、电子产品（如电话、手机、音响、视听设备、计算机部件）、文化用品、玩具、医疗用品（如假肢）制造等行业。如图 1-2-2 所示为采用真空复模技术加工的产品。

二、真空注型机

真空注型机又称真空复模机、真空浇注机，如图 1-2-3 所示，它是在真空状态下利用产品原型件浇注硅胶制作出高强度硅胶模具，并在真空状态下向硅胶模具浇注材料，复制出与产品原型件相同的塑件的设备。

1. 真空注型机的工作原理

根据模具材料或塑件材料的固化要求，将材料按一定的比例倒入料杯中，并将料杯放在真空注型机中进行抽真空，使模具材料或塑件材料在真空负压作用下释放气泡，待气泡释放完毕，将材料浇注到模框或模具中，即成型模具或塑件。如图 1-2-4 所示为真空注型机的工作原理图。

2. 真空注型机的分类

真空注型机按照不同的分类方法，可以分成多种类型。

（1）按照设备的尺寸来分，可以分为大型真空注型机、中型真空注型机以及小型真空注型机。常用的有 500 mm、600 mm、800 mm、1 200 mm、1 800 mm 以及 2 400 mm 等规格，也可以按照客户的要求定做。

（2）按照装置来分，可以分为立式真空注型机和卧式真空注型机。

（3）按照注料方式来分，可以分为气动真空注型机和电动真空注型机。

（4）按照用途来分，可以分为工业级别的真空注型机和普通真空注型机。

（5）按照运作方式来分，可以分为全自动真空注型机、半自动真空注型机和手动真空注型机。

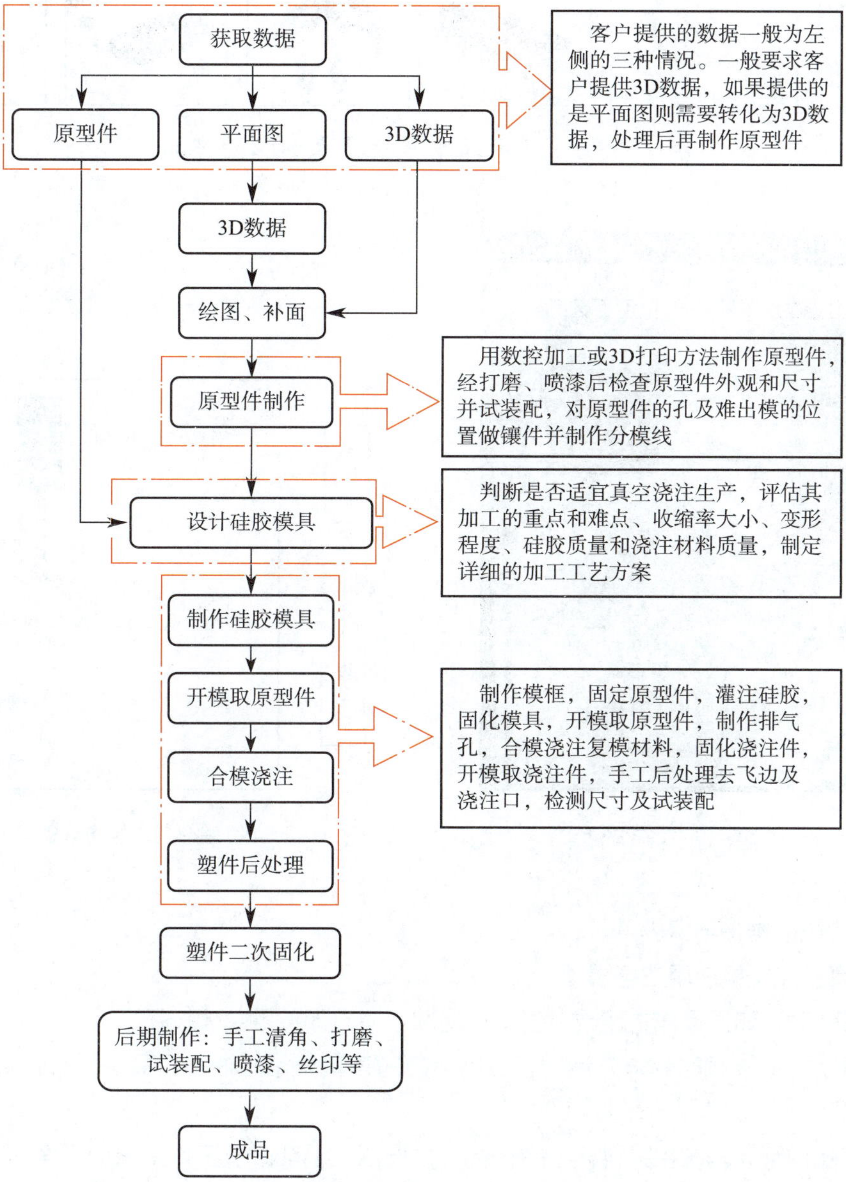

获取数据
原型件
平面图
3D数据
客户提供的数据一般为左侧的三种情况。一般要求客户提供3D数据，如果提供的是平面图则需要转化为3D数据，处理后再制作原型件
3D数据
绘图、补面
原型件制作
用数控加工或3D打印方法制作原型件，经打磨、喷漆后检查原型件外观和尺寸并试装配，对原型件的孔及难出模的位置做镶件并制作分模线
设计硅胶模具
判断是否适宜真空浇注生产，评估其加工的重点和难点、收缩率大小、变形程度、硅胶质量和浇注材料质量，制定详细的加工工艺方案
制作硅胶模具
开模取原型件
合模浇注
塑件后处理
制作模框，固定原型件，灌注硅胶，固化模具，开模取原型件，制作排气孔，合模浇注复模材料，固化浇注件，开模取浇注件，手工后处理去飞边及浇注口，检测尺寸及试装配
塑件二次固化
后期制作：手工清角、打磨、试装配、喷漆、丝印等
成品

图 1-2-1　真空复模技术的加工工艺流程

汽车部件　　玩具模型

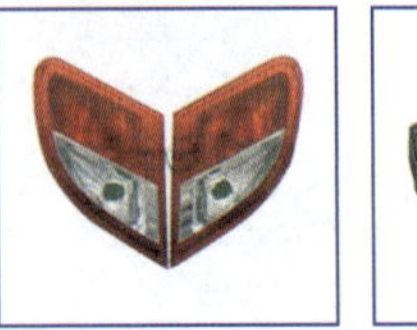

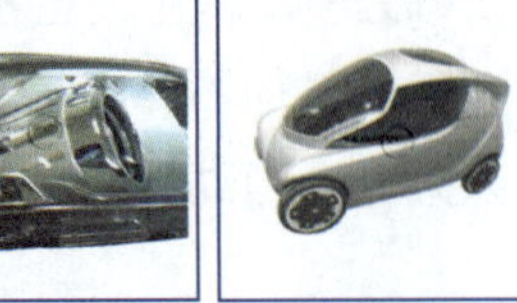

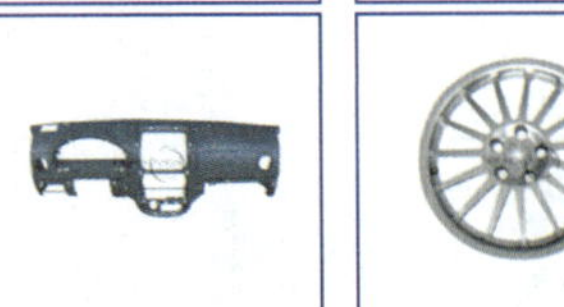
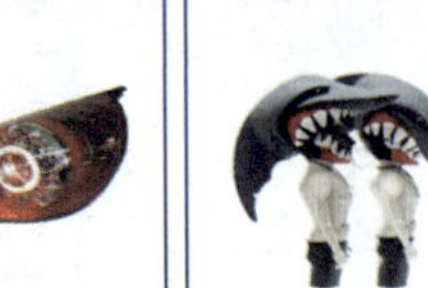
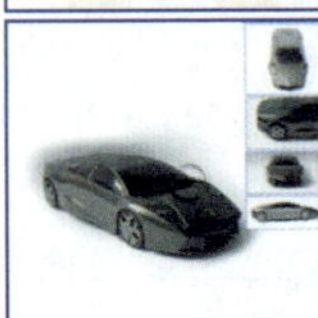

图 1-2-2　采用真空复模技术加工的产品

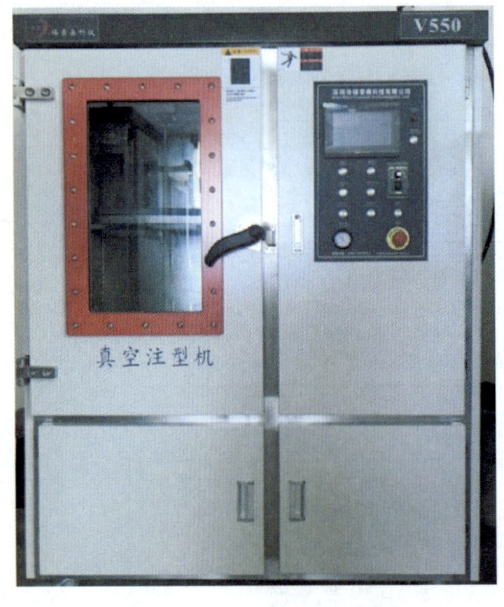

图 1-2-3　真空注型机

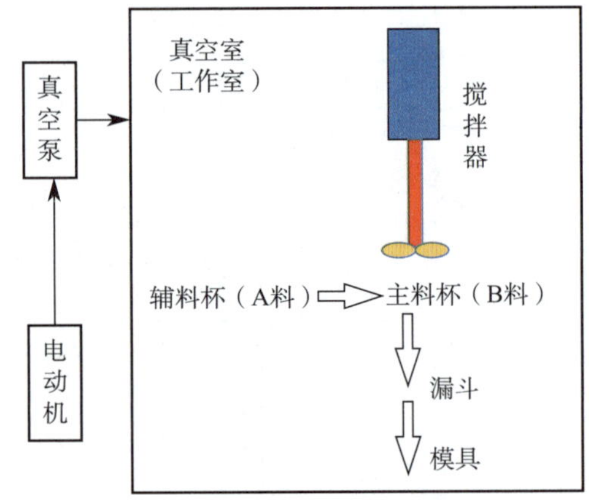

图 1-2-4　真空注型机的工作原理图

3. 真空注型机的维护与保养

（1）真空注型机使用注意事项

1）操作时，如果操作失误或发生意外情况，应立即按下急停按钮。

2）真空泵应按顺时针方向运行，否则运行时声音异常，抽不了真空，会对真空泵造成损坏。

3）每次使用完毕应将主料杯、辅料杯、搅拌器、漏斗以及工作室清理干净。

（2）真空注型机的维护

为保证设备正常运转和延长使用寿命，必须保持设备工作室的清洁及各运动部件的良好润滑，具体要求如下：

1）真空注型机工作室内务必保持清洁，避免纸屑、灰尘等小颗粒杂物吸入真空泵内。

2）使用完毕，要认真清洁真空注型机门橡胶密封条与真空柜接触处的杂物，以防止真空注型机不能完全密封或损坏密封条。

3）真空注型机门上视窗要保持清洁，避免划伤，以防止玻璃抗压强度下降。

4）升降齿条和导轨要保持清洁和润滑，并定期用油布涂抹方式给导轨加润滑油。

（3）真空泵的保养

1）真空泵油需要每次加到油位镜的 1/2～2/3 处。

2）工作环境粉尘多时，应考虑另加粉尘过滤器。

3）真空泵首次工作 500 h 后需更换真空泵油。以后每工作 2 000 h 需更换一次真空泵油，一般情况下即便平时使用较少，其换油间隔也尽量不要超过六个月。

4）若工作环境恶劣，如高温、水气重、长时间运转等，应加快换油频率，要经常检查油位。

5）换油时应打开放油孔，先放掉所有旧油，并进行清理后再添加新油。

6）每工作 2 000 h 需更换一次油雾过滤器。

7）当发现声音异常、压力不足或电流过载时，应及时通知厂家检修。

8）定期检查及清理真空泵进口过滤器滤芯，发现损坏应及时更换。

三、恒温鼓风干燥箱

恒温鼓风干燥箱（见图 1-2-5）又称恒温烤箱或恒温烘箱，主要用于烘烤物料。烘烤是为了满足物料使用或进一步加工的需要，如硅胶凝固、树脂固化等。由于自然烘烤速度慢，不能满足生产需要，各种工业用恒温鼓风干燥箱越来越广泛地得到应用。恒温鼓风干燥箱通过加热使物料中的湿分（一般指水分或其他可挥发性液体成分）汽化逸出，以获得规定湿含量的固体物料。

图 1-2-5　恒温鼓风干燥箱

1. 恒温鼓风干燥箱的工作原理

恒温鼓风干燥箱是利用电热元件所发出的辐射热来烘烤物料的机械设备。烘烤过程需要消耗大量热能，为了节省能量，一般先将某些湿含量高的物料、含有固体物质的悬浮液或溶液经机械脱水或加热蒸发，再在恒温鼓风干燥箱内烘烤，以得到干燥的固体。在烘烤过程中，需要同时完成热量、湿分的传递，保证物料表面湿分、蒸汽、分压高于外部空间中的湿分、蒸汽、分压，保证热源温度高于物料温度。热量从高温热源以各种方式传递给湿物料，使物料表面湿分汽化并逸散到外部空间，从而在物料表面和内部出现湿含量的差别，内部湿分向表面扩散并汽化，使物料湿含量不断降低，逐步完成物料整体的烘烤。

物料的烘烤速率取决于表面汽化速率和内部湿分的扩散速率。通常烘烤前期的烘烤速率受表面汽化速率控制，只要烘烤的外部条件不变，物料的烘烤速率和表面温度即保持稳定，这个阶段称为恒速烘烤阶段；当物料湿含量降低到某一程度，内部湿分向表面扩散的速率降低，并小于表面汽化速率时，烘烤速率主要由内部湿分的扩散速率决定，并随湿含量的降低而不断降低，这个阶段称为降速烘烤阶段。

2. 恒温鼓风干燥箱的维护与保养

（1）每次使用完后，要打扫恒温鼓风干燥箱表面及工作室灰尘，保持设备干净、卫生。

（2）定时检查风机运转是否正常，有无异常声音，如有应立即关闭设备电源进行检查。

（3）定时检查通风口有无堵塞，并定时清理积尘。

（4）定时检查温控器是否准确，如不准确，要调整温控器的静态补偿或传感器修正值。

（5）定时检查发热管有无损坏，线路有无老化，如有异常应及时维修。

（6）保持恒温鼓风干燥箱内清洁，定时检查和清除恒温鼓风干燥箱内电阻丝旁的氧化皮。

四、电子秤

电子秤是衡器的一种，是利用胡克定律或力的杠杆平衡原理测定物体质量的工具，如图 1-2-6 所示。电子秤主要由承重系统（如秤盘、秤体）、传力转换系统（如杠杆传力系统、传感器）和示值系统（如刻度盘、电子显示仪表）三部分组成。

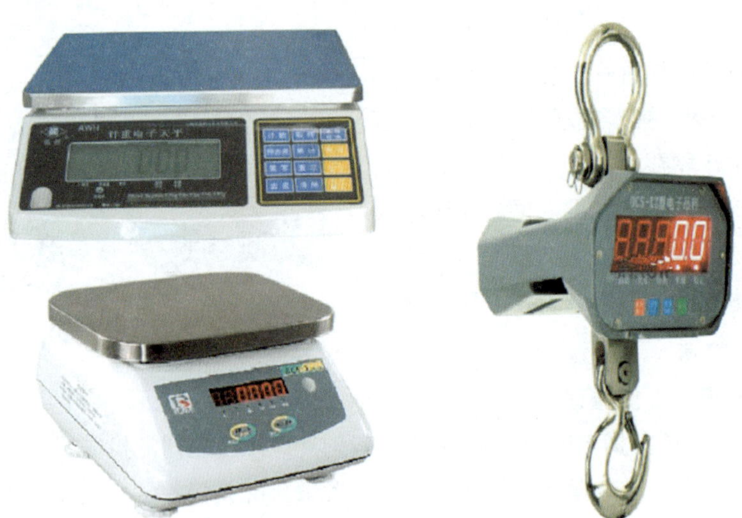

图 1-2-6 常用电子秤

1. 电子秤的工作原理

如图 1-2-7 所示，当物体放在秤盘上时，压力施加给传感器，该传感器发生弹性形

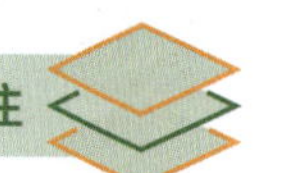

变，从而使阻抗发生变化，同时使激励电压发生变化，输出一个变化的模拟信号。该信号经滤波放大后输出到 A/D 转换电路进行转换。转换后的数字信号输出到 CPU 进行运算控制。CPU 根据键盘命令以及程序将运算结果输出到显示器进行显示。

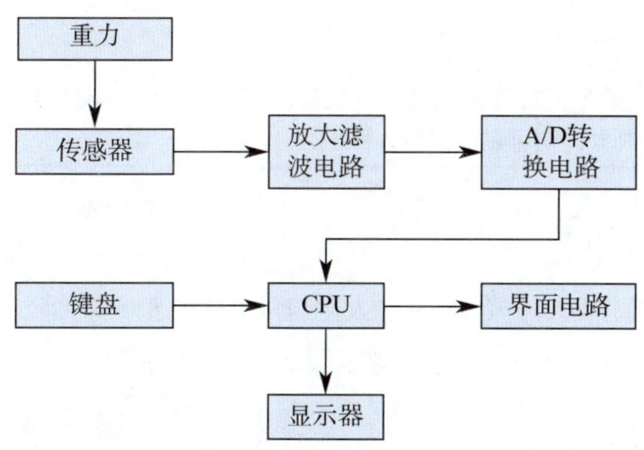

图 1-2-7 电子秤的工作原理

2. 电子秤常见故障的解决方法

（1）检查电源电压是否与电子秤额定输入电压一致，并检查充电线是否已牢固地插在电子秤的充电座上。

（2）检查充电线是否断路。

（3）检查熔丝是否良好。

（4）如果电子秤使用干（蓄）电池，先检查干（蓄）电池的电压是否足够，如果电压不足应更换干电池或给蓄电池充电。

（5）检查开关或按键有无损坏。

（6）检查电子组件有无损坏。

（7）检查电子秤是否放置平稳。

（8）如非上述因素，建议返厂维修。

任务实施

一、任务准备

1. 车间准备

根据任务要求联系真空复模车间管理员，提前准备相应的设备、工具、材料及防护用品等，见表 1-2-1。

▼ 表 1-2-1　设备、工具、材料及防护用品清单

序号	类别	准备内容
1	设备	真空注型机、恒温鼓风干燥箱、电子秤等
2	工具	料杯、计时器、工业测温枪等
3	材料	水
4	防护用品	工作服、防护手套、护目镜、工作帽、防尘口罩以及必要的急救药品（如洗眼水、创可贴、碘伏、眼药水）等

2. 分组

根据班级人数分成若干组（一组 4～6 人最佳），并选出一名组长，同组人员对操作、观察、记录与总结等进行分工，组长负责领取工量具、耗材等。

3. 严格遵守实训要求

实训前认真学习相关设备安全操作规程，实训时严格执行安全操作规程，强化安全理念，树立安全意识。

二、安全文明生产检查

以小组为单位进行安全自检，并将结果记录在表 1-2-2 中。

▼ 表 1-2-2　安全检查表

班级		姓名		学号		日期	年　月　日
自检项目						记录	
检查工作服是否已穿好						是 □　否 □	
检查身上饰物是否已摘掉						是 □　否 □	
检查鞋子是否防滑、防扎、防砸						是 □　否 □	
检查工作帽、护目镜、防护手套、防尘口罩等佩戴是否正确						是 □　否 □	
检查是否已把长发盘起并放入工作帽内						是 □　否 □	

三、认识真空注型机

1. 认识真空注型机的结构

真空注型机主要包括原材料搅拌真空室、模具真空室、操作面板三大部分。如图 1-2-8 所示为福普森 V650 型真空注型机结构。

2. 认识真空注型机的操作面板

操作面板是操作人员与真空注型机进行信息交流的工具。如图 1-2-9 所示为福普森

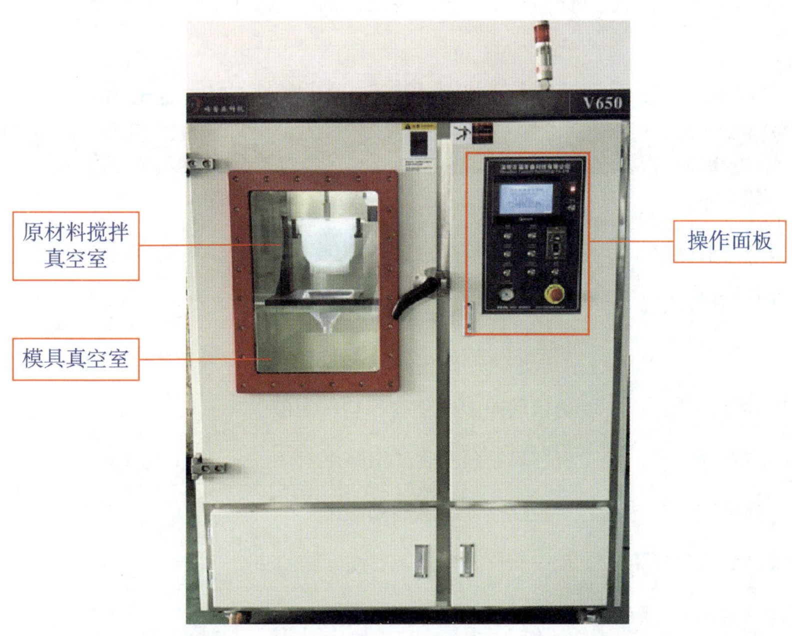

图 1-2-8　福普森 V650 型真空注型机结构

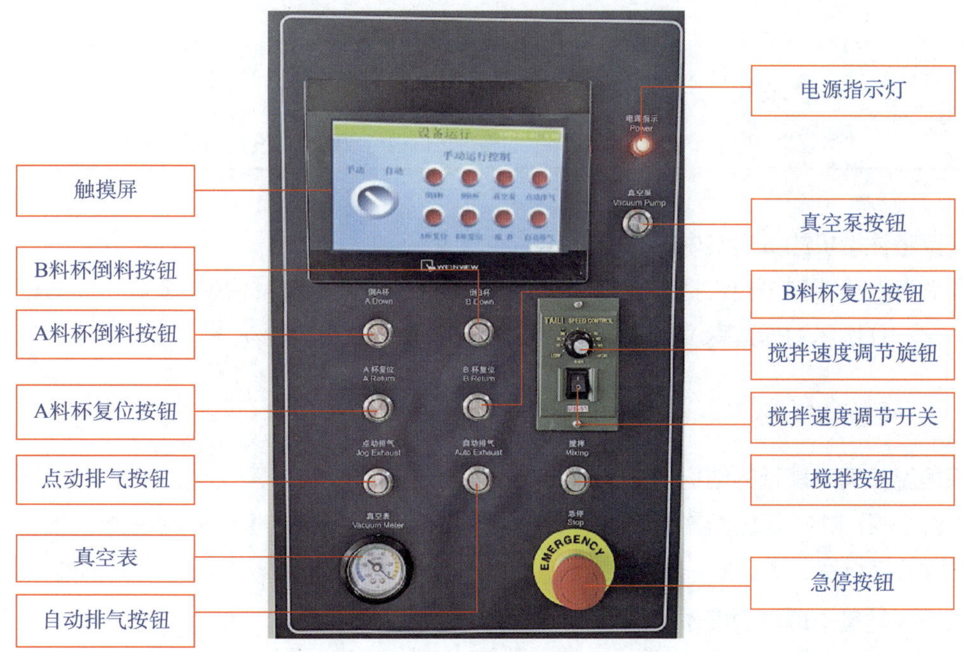

图 1-2-9　福普森 V650 型真空注型机的操作面板

V650 型真空注型机的操作面板。

福普森 V650 型真空注型机操作面板上主要部件的功能见表 1-2-3。

▼ 表 1-2-3　福普森 V650 型真空注型机操作面板上主要部件的功能

序号	部件名称	功能
1	急停按钮	出现紧急情况时按下该按钮，可切断除电源指示灯外的一切电源
2	A 料杯倒料按钮	可自动操控真空室 A 料杯（辅料杯）将辅料倒入 B 料杯（主料杯）中
3	A 料杯复位按钮	可自动操控真空室 A 料杯复位
4	B 料杯倒料按钮	可自动操控真空室 B 料杯将原材料倒入模具中
5	B 料杯复位按钮	可自动操控真空室 B 料杯复位
6	真空泵按钮	操控真空泵的启动和停止
7	搅拌按钮	操控搅拌器的启动和停止
8	搅拌速度调节开关	用于允许或禁止调节搅拌器的速度
9	搅拌速度调节旋钮	用于调节搅拌器的转速
10	真空表	用于指示真空室的压力
11	电源指示灯	用于指示真空注型机有无通电
12	点动排气按钮	用于点动小排气恢复大气压
13	自动排气按钮	用于连续大排气恢复大气压
14	触摸屏	利用触摸屏中的相应按键也可以实现对设备的相应控制

3. 认识真空注型机的真空室内部结构

真空室内部结构主要包括搅拌电动机、照明灯、搅拌器、料杯装夹装置和模具真空室。如图 1-2-10 所示为福普森 V650 型真空注型机的真空室内部结构。

四、认识恒温鼓风干燥箱

1. 认识恒温鼓风干燥箱的结构

如图 1-2-11 所示为新锋 XF-80100 型恒温鼓风干燥箱的外形结构，主要包括显示板、操作面板和物料室三大部分。

2. 认识恒温鼓风干燥箱的操作面板

新锋 XF-80100 型恒温鼓风干燥箱的操作面板如图 1-2-12 所示。

3. 认识恒温鼓风干燥箱的温度显示与设置器

新锋 XF-80100 型恒温鼓风干燥箱的温度显示与设置器如图 1-2-13 所示。

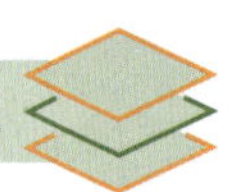

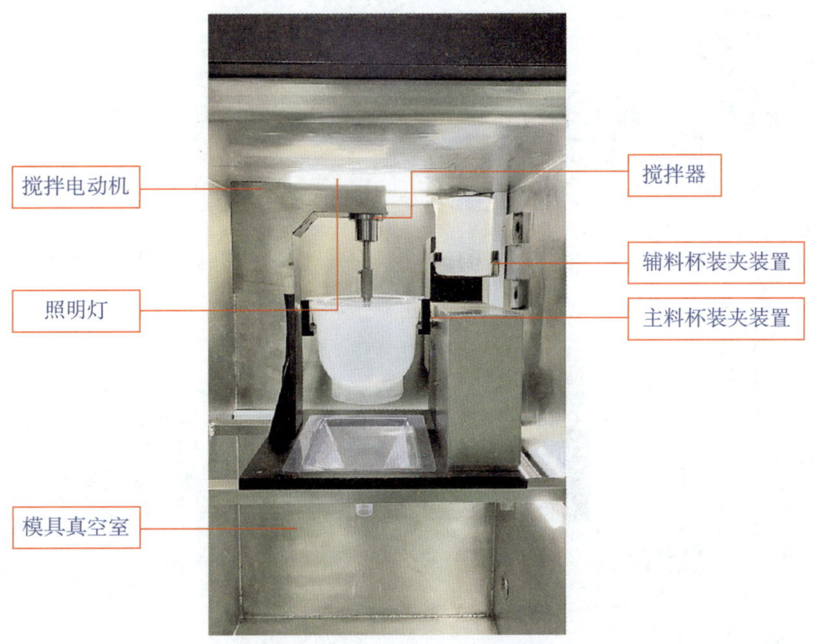

图 1-2-10　福普森 V650 型真空注型机的真空室内部结构

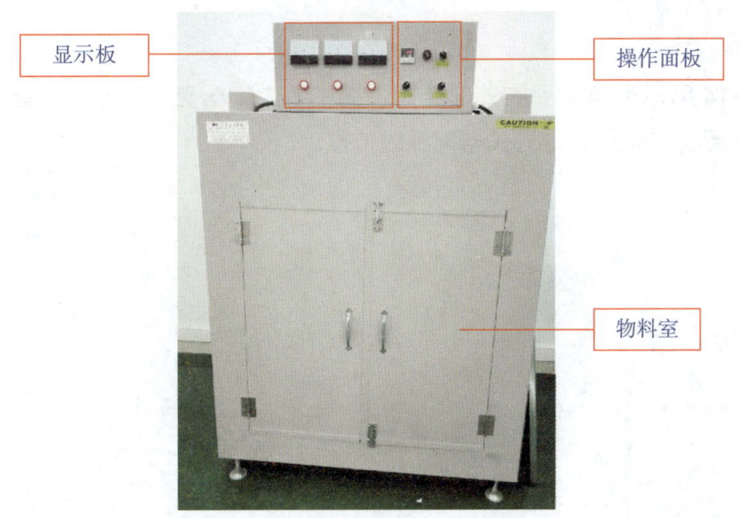

图 1-2-11　新锋 XF-80100 型恒温鼓风干燥箱的外形结构

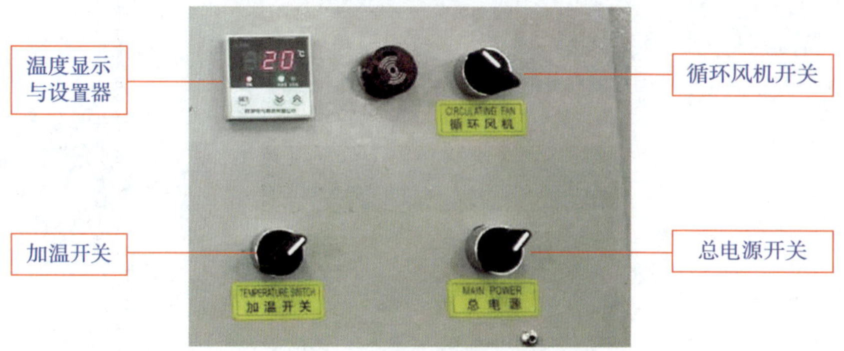

图 1-2-12　新锋 XF-80100 型恒温鼓风干燥箱的操作面板

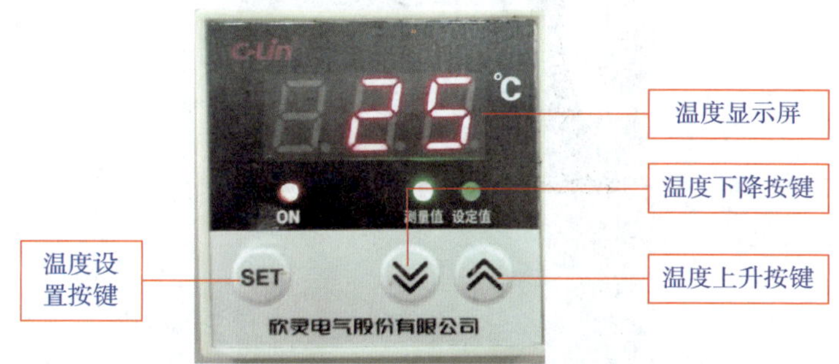

图 1-2-13　新锋 XF-80100 型恒温鼓风干燥箱的温度显示与设置器

五、认识电子秤

如图 1-2-14 所示为电子秤的外形结构，其主要由物料盘、显示屏和键盘三部分组成。如图 1-2-15 所示为该电子秤的开关与电源线位置。

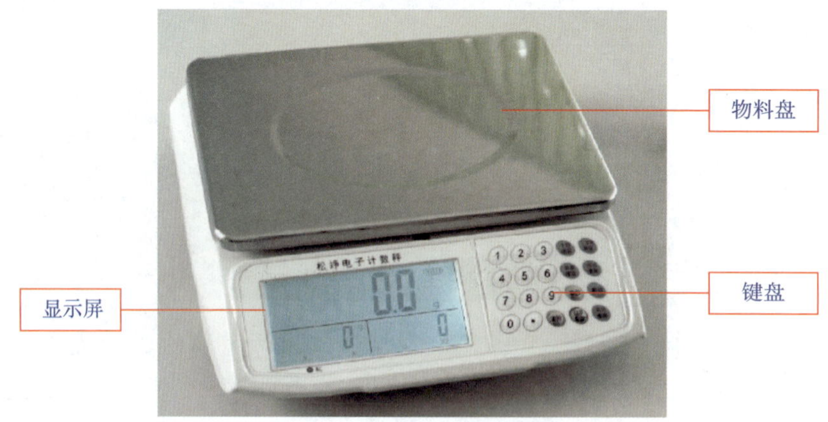

图 1-2-14　电子秤

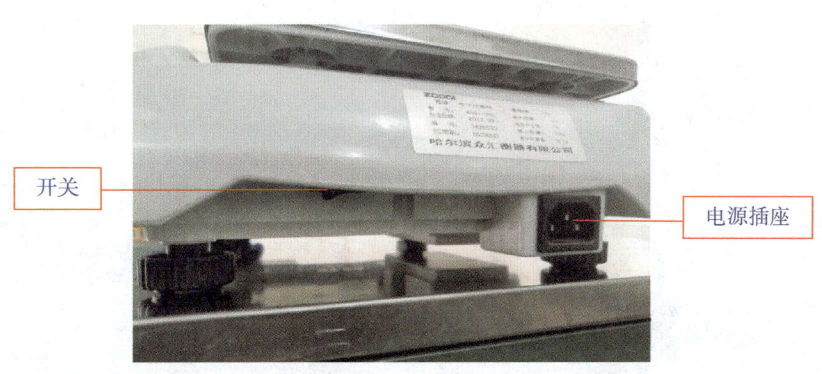

图 1-2-15　电子秤开关与电源线位置

六、操作真空复模的主要设备

按图 1-2-16 所示流程分组进行电子秤、真空注型机和恒温鼓风干燥箱的操作。

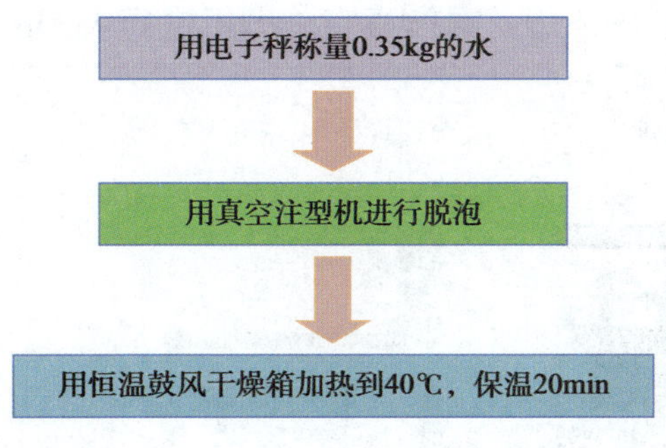

图 1-2-16　操作真空复模设备的流程

1. 使用电子秤进行称量

使用电子秤进行称量的操作步骤见表 1-2-4。

操作演示

▼ 表 1-2-4　使用电子秤进行称量的操作步骤

操作步骤	1. 检查电子秤并接通电源	2. 打开电源开关	3. 将料杯放到电子秤物料盘中
图示			

续表

操作步骤	4. 将电子秤置零	5. 向料杯内加水	6. 观察 LED 显示屏并控制水的质量（0.35 kg）
图示	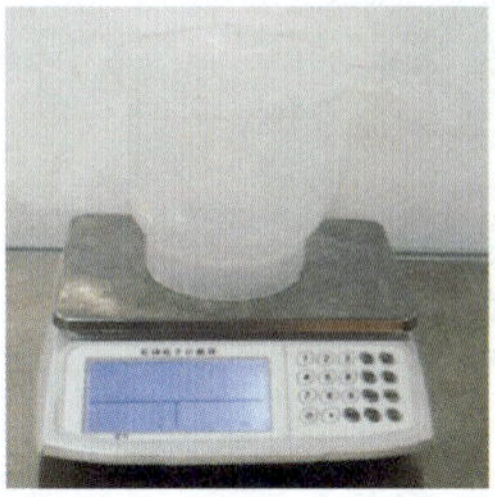	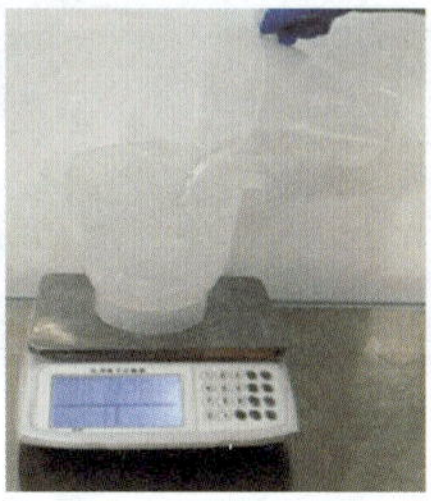	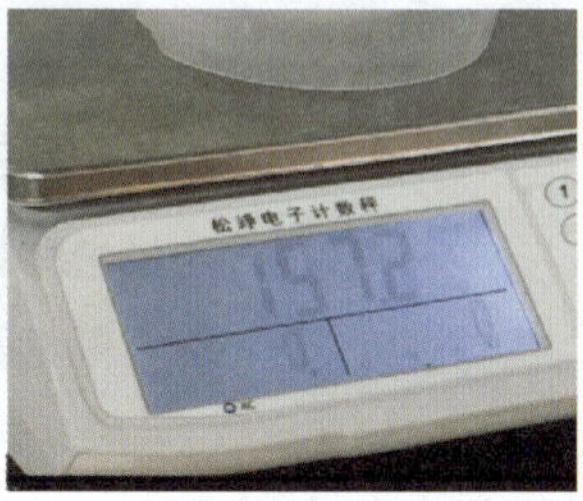

2. 操作真空注型机进行脱泡

操作演示

操作真空注型机进行脱泡的步骤见表 1-2-5。

▼ 表 1-2-5　操作真空注型机进行脱泡的步骤

操作步骤	1. 检查真空注型机	2. 接通漏电保护开关	3. 复位急停按钮，给真空注型机通电
图示	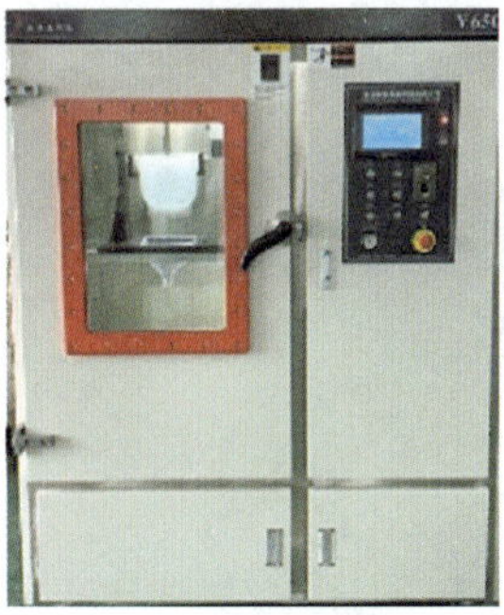	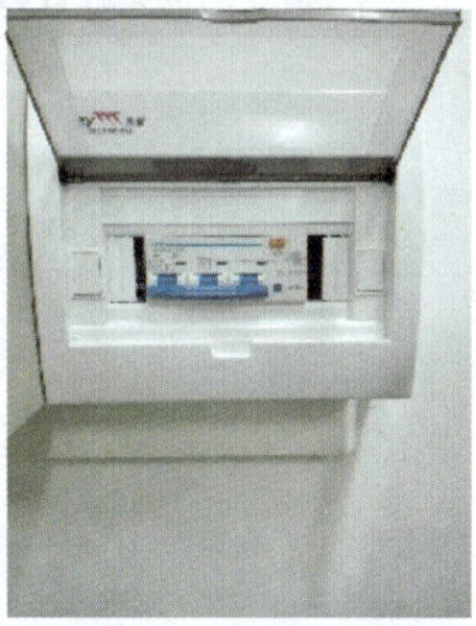	
操作步骤	4. 将料杯放到相应位置并固定	5. 锁上真空室把手	6. 按下真空泵按钮，启动真空泵
图示		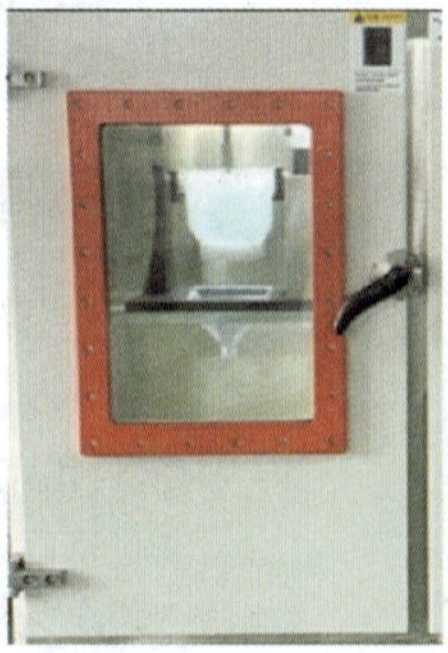	

续表

操作步骤	7. 启动搅拌器并调节搅拌速度，边搅拌边抽真空	8. 观察真空表，调整气压至负大气压 100 kPa	9. 使用计时器计时，保压 50 s
图示			
操作步骤	10. 50 s 后按下点动排气按钮，慢慢将气压降至负大气压 70 kPa，观察气泡消失后再调整气压上升至负大气压 100 kPa	11. 观察并确定液体内没有气泡后，按下点动排气按钮，慢慢将气压降至负大气压 60 kPa 后再按下自动排气按钮恢复大气压	12. 打开真空室，取出料杯后关闭真空室
图示			

3. 操作恒温鼓风干燥箱进行加热处理

操作演示

操作恒温鼓风干燥箱进行加热处理的步骤见表 1-2-6。

▼ 表 1-2-6　操作恒温鼓风干燥箱进行加热处理的步骤

操作步骤	1. 检查恒温鼓风干燥箱	2. 接通漏电保护开关	3. 接通恒温鼓风干燥箱电源开关
图示			

续表

操作步骤	4. 接通总电源开关	5. 按下温度设置按键	6. 调整温度上升 / 下降按键，设置温度为 40 ℃
图示			
操作步骤	7. 将料杯放入物料室	8. 接通加温开关	9. 设置定时器，在 40 ℃保温 20 min
图示			
操作步骤	10. 用工业测温枪测试水温是否达到 40 ℃	11. 如果水温达到 40 ℃，打开物料门取出料杯；如果温度没达到，则继续关门保温	
图示			

任务测评

按表 1-2-7 所列评价要点进行任务评价，并将结果填入表中。

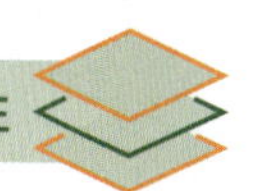

▼ 表 1-2-7　任务评价表

班级		姓名		学号		日期	年　月　日
序号	**评价要点**					**配分（分）**	**得分（分）**
1	能说出真空复模技术的特点和加工工艺流程					10	
2	能说出真空复模车间常用设备的名称、功能及工作原理					10	
3	能合理选择完成本任务所需的辅助工具					5	
4	能熟练操作电子秤					15	
5	能熟练操作真空注型机					15	
6	能熟练操作恒温鼓风干燥箱					15	
7	安全意识、责任意识强					6	
8	积极参加学习活动，按时完成各项任务					6	
9	团队合作意识强，善于与人交流和沟通					6	
10	自觉遵守劳动纪律，不迟到、不早退，中途不离开实训现场					6	
11	严格遵守“6S”管理要求					6	
小结建议					总计	100	

任务 3　自行车调速器真空浇注生产

学习目标

1. 了解真空复模常用浇注材料及其浇注时的工艺参数。
2. 能按要求计算浇注材料质量。
3. 掌握真空浇注的工艺流程。
4. 熟悉真空复模常用工量具和材料。
5. 能熟练操作恒温鼓风干燥箱并进行日常维护。
6. 能熟练操作真空注型机进行真空浇注并进行日常维护。

任务引入

通过前面任务的学习，已经熟悉真空复模车间的安全文明生产要求以及真空复模常用设备的结构和使用方法等。本任务主要学习真空浇注的工艺流程，利用真空复模车间提供的硅胶模具完成自行车调速器的真空浇注生产。

相关知识

一、真空复模浇注材料

真空浇注产品使用的材料都是化学合成材料，其性能与大部分现有工程材料类似，常见的有 ABS、PC、PA、POM、PMMA、PP 以及各种软性材料。同时，根据产品的各种外观要求，可在复制产品时添加一定比例的色精以丰富产品颜色。

1. ABS（丙烯腈－丁二烯－苯乙烯共聚物）材料

ABS 材料呈微黄色、不透明、无毒、无味，是坚韧质硬的刚性材料。ABS 的抗拉强度不高，冲击韧度较高，耐磨性好，摩擦系数低，耐热性和耐低温性适中，绝缘性能良好。其优点是坚硬、易压出、易染色、难燃、耐冲击，缺点是耐溶性差、介电强度低、延伸率低，常用于制造把手、外壳、行李箱、冰箱衬垫、家电制品等。

2. PC（聚碳酸酯）材料

PC 材料为非结晶性热塑性塑料，其几乎无色或呈轻微淡黄色，透光率高，吸水率低；有良好的尺寸稳定性，收缩率小且均匀；冲击韧度极佳，并且有很高的抗拉、抗弯、抗压强度，弹性模量很高；抗疲劳强度低，易产生应力开裂；有较好的耐热性，长期使用温度可达 130 ℃，同时又有良好的耐寒性，脆化温度为 −100 ℃；具有优异的介电性能；成型前要求在 120 ℃下烘料 24 h，一般注射成型时采用高料温（300 ℃）、高模塑压力和快速成型的方法。聚碳酸酯常用于制造光碟、眼镜片、水瓶、护目镜、银行防弹玻璃、车头灯等。

3. PA（尼龙、聚酰胺）材料

PA 材料为韧性角状半透明或乳白色结晶性树脂，有明显的熔点；抗拉强度高，韧性好，能耐反复冲击振动；使用温度范围为 −40 ~ 100 ℃；耐磨性好，摩擦系数低，自润滑性优异；电绝缘性能好，耐电弧；易于着色且无毒；耐油，耐烃类、酯类等有机溶剂，耐弱碱，但不耐酸和氧化剂，不耐水、醇类等极性溶剂；易于加工成型；吸水率高、尺寸稳定性较差。注塑时的优点是流动性好、耐磨、配色方便；缺点是质软、易缩水、易形成波峰。该材料主要用于汽车、电气电子、建筑、机械制造、办公设备、航空航天等行业。

4. POM（聚甲醛）材料

POM 材料为结晶性热塑性塑料，有明显的熔点，性质最接近金属，一般称为赛钢。POM 既有均聚物材料又有共聚物材料，均聚物材料具有很好的延展强度、抗疲劳强度，但不易加工；共聚物材料有很好的热稳定性和化学稳定性，并且易于加工。POM 材料是结晶性材料并且不易吸收水分，摩擦系数低，耐高温；缺点是由于高结晶程度导致其有相当高的收缩率，可达 2%～3%。POM 材料可代替大部分有色金属，用于制造仪表内件、齿轮、轴承、紧固件、弹簧片、管道、水龙头、假肢等。

5. PMMA（聚甲基丙烯酸甲酯）材料

PMMA 材料为非晶体聚合物，又称为亚克力或有机玻璃，具有 92% 光线穿透率，热变形温度为 74～102 ℃。其优点是光学透明度高，耐候性佳，刚性好，易染色；缺点是耐化学性差，长期使用温度最高为 93 ℃，应力集中处较易碎化。PMMA 材料常用于制造灯罩、窗玻璃、标示牌、光学透镜、硬式隐形眼镜、汽车零件等。

6. PP（聚丙烯）材料

PP 材料是一种极轻的塑料，密度仅为 0.90～0.91 g/cm^3，加工时不需要预热。其优点是易染色、耐湿性佳、耐化学性佳、耐冲击性好；缺点是不易压出复杂的异形件、易被紫外线分解、不易接合、易氧化。PP 材料多用于制造水管、胶膜、胶带、容器、汽车保险杠、仪表板、铰链等。

二、常用真空复模浇注材料参数

不同的材料，各组分的混合比例不同，浇注时的工艺参数也不同。表 1-3-1 中是几种常用真空复模浇注材料的物理特性、浇注时的工艺参数及力学特性。

▼ 表 1-3-1　几种常用真空复模浇注材料的物理特性、浇注时的工艺参数及力学特性

参数		常用真空复模浇注材料		
		ABS Hei-Cast 8150	AXSON PX226	AXSON F40
物理特性	混合比例（组分 A 的质量：组分B 的质量）	100：200	100：50	20：100
	组分 A 颜色	透明	淡黄色	淡琥珀色
	组分 B 颜色	淡黄色	透明	蓝色
	混合后颜色	象牙色	白色	蓝色
	组分 A 相对密度（参考物质为水，下同）	1.09	1.22	1.22
	组分 B 相对密度	1.19	1.1	1.85
	混合后相对密度	1.21	1.2	1.7

续表

参数		常用真空复模浇注材料		
		ABS Hei-Cast 8150	AXSON PX226	AXSON F40
浇注时的工艺参数	混合后可用时间 /min	5	3.5	6
	脱模时间 /min	60（75 ℃）	25（70 ℃）	45（70 ℃）
力学特性	肖氏硬度（HD）	80～85	82	83
	收缩率	0.3%	3 mm/m	1.3 mm/m
	抗拉强度 /MPa	74	70	22
	热变形温度 /℃	100	105	65

三、浇注材料的质量计算

浇注材料是指最终产品的材料，当原型件和浇注件材料一样时，浇注材料的质量可根据原型件的质量来计算，方法如下：

$$m_{浇}=Km_{原}+m_{耗}$$

式中，$m_{浇}$——浇注材料的质量，g；

$m_{原}$——原型件的质量，g；

$m_{耗}$——浇注耗损量，根据硅胶模具大小、进料管的长度不同适当选取，一般可取 10～30 g；

K——安全系数，一般取 1.1～1.3。

例题 某产品的质量为 40 g，已知原型件和浇注件材料一样，若采用 AXSON PX226 作浇注材料，则其所需浇注材料的质量为多少？

解： 取安全系数 K=1.2，浇注耗损量 $m_{耗}$=12 g，则所需浇注材料的质量为：

$$m_{浇}=1.2\times 40\text{ g}+12\text{ g}=60\text{ g}$$

查 AXSON PX226 材料使用说明书可知，树脂 A 组分和 B 组分以 100∶50 的质量比混合，所以

$$m_A+m_B=60\text{ g}$$

$$m_A/m_B=100/50$$

经计算可得：

$$m_A=40\text{ g}，m_B=20\text{ g}$$

四、真空浇注工艺流程

真空浇注工艺流程如下：称量原型件质量→计算并称量 A、B 料质量→放入真空注型机的真空室→试搅拌→将导引管与模具连接→关闭真空室门并抽真空→在真空下搅拌→混合

A、B 料→控制时间→浇注→恢复气压→静置几分钟后，剪断导引管并取出模具→将模具放入恒温鼓风干燥箱→经设定时间后取出模具→冷却→开模取浇注件→维护模具。

如图 1-3-1 所示为真空浇注工作原理图。

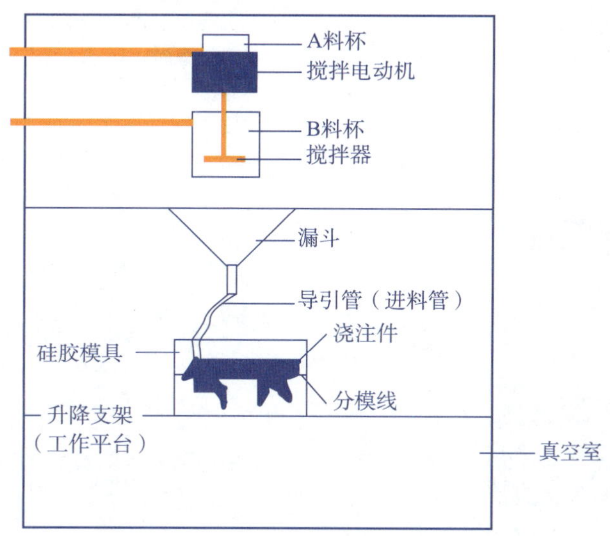

图 1-3-1　真空浇注工作原理图

五、真空复模常用工量具和材料

1. 刀具类工具

真空复模常用的刀具类工具有剪刀、手术刀、铲刀、美工刀、压刀等，见表 1-3-2。

▼ 表 1-3-2　真空复模常用刀具类工具

实物	名称	用途
	剪刀	主要用于原型件封孔和贴分模边时去除多余材料、剪裁进料管等
	手术刀	主要用于开模、原型件封孔和贴分模边时去除多余材料等

续表

实物	名称	用途
	铲刀	主要用于清理胶板硅胶、真空注型机中的硅胶或树脂等溢出材料
	美工刀	主要用于开模、剪裁进料管、清理残渣等
	压刀	主要用于贴分模边时压紧边缘处胶带
	主浇道切刀	用于不留浇注口棒时加工主浇注口
	锉刀	用于加工模框板

2. 钳类工具

真空复模常用的钳类工具有开模钳、水口钳、尖嘴钳、钢丝钳、大力钳、镊子等，详见表 1-3-3。

▼ 表 1-3-3 真空复模常用钳类工具

实物	名称	用途
	开模钳	开模钳又叫分模钳，主要用于切割分型面时撑开硅胶模具

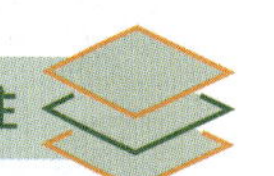

续表

实物	名称	用途
	水口钳	水口钳刃口较薄、比较锋利，用于剪裁进料管、橡胶管等材料
	尖嘴钳	主要用于取加强杆或拔排气针
	钢丝钳	主要用于取加强杆或拔排气针
	大力钳	主要用于取加强杆或拔排气针
	镊子	用于夹取细小物件，如在封细小孔时夹取封孔胶带及残渣等
	台虎钳	用于装夹模框板

3. 真空注型机配套工具

真空注型机是在真空状态下进行脱泡、搅拌和注型工作，可有效减少硅胶材料中的气泡，避免其影响硅胶模具的质量。真空注型机常用配套工具有料杯、料盆、搅拌铲、漏斗等，见表 1-3-4。

▼ 表 1-3-4　真空注型机常用配套工具

实物	名称	用途
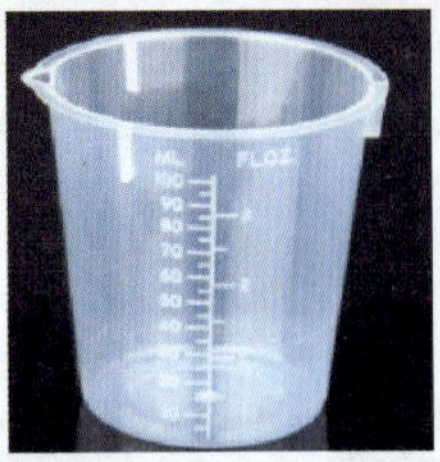	料杯（A 料杯 /B 料杯）	主要用于盛放浇注材料的 A、B 料进行称量、脱泡
	料盆	主要用于盛放硅胶材料进行称量、脱泡
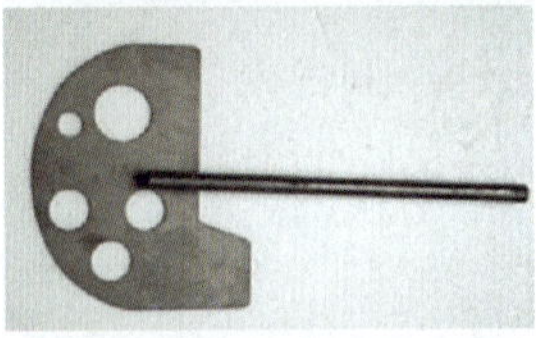	搅拌铲	用于在真空状态下搅拌 A、B 混合料，硅胶和固化剂混合料，以加速脱泡
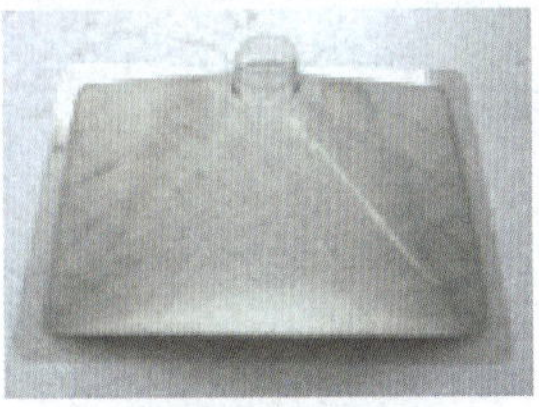	漏斗	用于在真空状态下引导 A、B 混合料经进料管进入硅胶模具
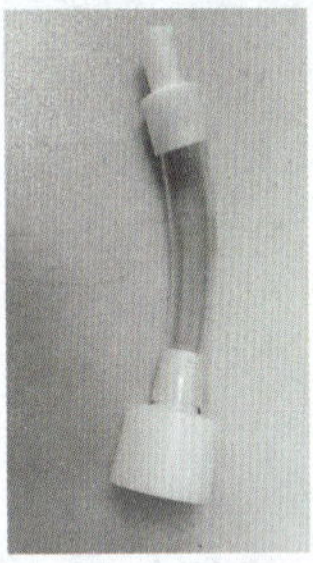	进料管和漏斗连接器	用于引导浇注材料进入硅胶模具
	搅拌器	用于搅拌量大的硅胶和固化剂，以加速脱泡

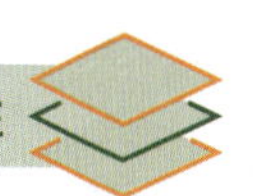

4. 量具

真空复模常用量具有游标卡尺、千分尺、钢直角尺等，见表 1-3-5。

▼ 表 1-3-5　真空复模常用量具

实物	名称	用途
	游标卡尺	游标卡尺是一种测量长度、内外径、深度的量具，主要用于检测真空复模产品是否达标
	千分尺	千分尺是比游标卡尺更精密的测量长度的工具，可以精确到 0.01 mm，主要用于检测真空复模产品是否达标
	钢直角尺	一般用于测量直角，主要用于制作硅胶模框时的测量
	钢直尺	钢直尺是最简单的长度量具，有 150 mm、300 mm、500 mm 和 1 000 mm 等规格，主要用于制作硅胶模框时的测量

5. 其他常用真空复模工具和材料

其他常用真空复模工具和材料见表 1-3-6。

▼ 表 1-3-6　其他常用真空复模工具和材料

实物	名称	用途
	防水胶带	主要用于贴分模边和封孔
	透明胶带	主要用于封模固定

续表

实物	名称	用途
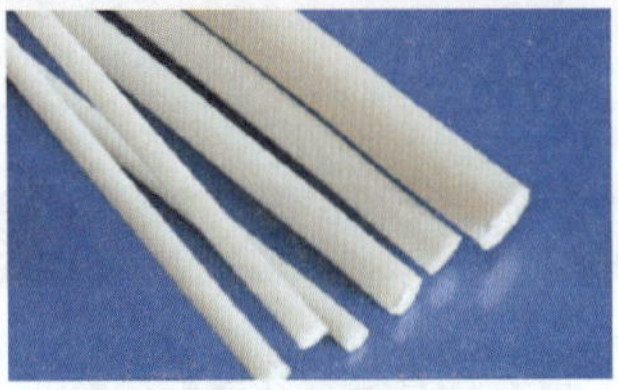	ABS 棒	主要用于做浇注口、支撑排气口等
	502 胶水	主要用于固定原型件支撑、模框、浇注口、ABS 棒等
	固化加速剂	主要用于加快硅胶的凝固速度
	胶板或木板	用于制作硅胶模具模框
	胶枪和胶棒	用于制作硅胶模具时固定模框板
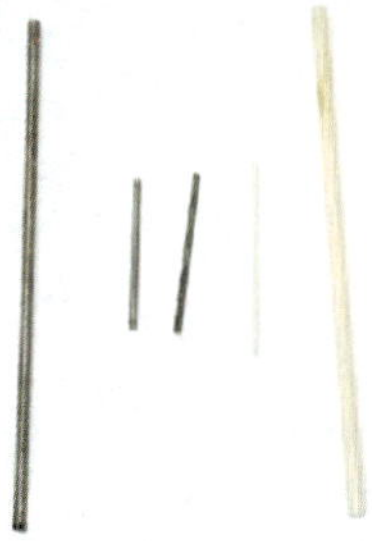	加强杆	用于加强硅胶模具的稳定性，防止硅胶模具变形

续表

实物	名称	用途
	排气针	用于给硅胶模具开排气孔
	排气针筒	用于清除浇注产品时硅胶模具型腔内存在的气泡
	记号笔	用于标记分模线和分型面，便于开模
	空气压缩机	提供气源动力，是压缩空气的气压发生装置
	气枪	主要用于除尘清洁工作，最适合用于一些手接触不到的狭窄空间、高处以及气管内的清洁工作
	工业测温枪	用于测试硅胶模具和浇注材料的温度
	计时器	用于计算抽真空保持时间和材料搅拌时间

续表

实物	名称	用途
	手持式电动打磨机	用于抛光打磨塑件
	脱模剂	用在两个彼此易于黏结的物体接触表面，可使物体表面易于脱离，并保持表面光滑及洁净。常用于将固化成型的制品顺利地从模具上分离出来，从而得到光滑平整的制品，并保证模具多次使用
	酒精	用于清洁硅胶、树脂等
	毛刷	用于清洁真空注型机等
	清洁布	具有吸水性好、不掉屑、耐洗涤等特性，不含任何化学或药物成分，能够去除灰尘、汗渍、污渍等
	手喷漆	主要用于真空复模产品后处理，均匀地喷涂在物体表面并经干燥固化后可形成一层硬涂膜，具有保护、美观、标示的作用 注意：手喷漆有一定的毒性，作业时需要戴防护手套和防毒口罩

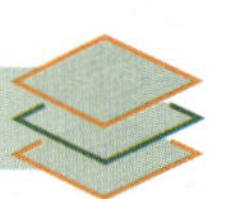

续表

实物	名称	用途
	色精	用于真空复模产品的调色
	汽车原子灰	俗称腻子，主要用于对真空复模后产品存在的凹坑、针缩孔、裂纹和小焊缝等缺陷的填平修补，满足喷面漆前底材表面的平整、平滑需要
	水磨砂纸	用于研磨原型件和真空复模产品表面，使其光洁平滑，达到加工要求
	手电筒	用于检查浇注后硅胶模具的型腔内是否有气泡

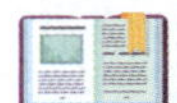

任务实施

一、任务准备

1. 车间准备

根据任务要求联系真空复模车间管理员，提前准备相应的设备、工具、材料及防护用品等，见表 1-3-7。

▼ 表 1-3-7　设备、工具、材料及防护用品清单

序号	类别	准备内容
1	设备	空气压缩机、真空注型机、恒温鼓风干燥箱、电子秤等
2	工具	工业测温枪、计时器、搅拌铲、一次性漏斗、水口钳、漏斗连接器、进料管、A 料杯、B 料杯、一次性 B 料杯、排气针、排气针筒、主浇道切刀、镊子、尖嘴钳、气枪、手术刀、记号笔、毛刷、铲刀、清洁布等
3	材料	自行车调速器硅胶模具、Hei-Cast 8150 树脂、脱模剂、透明胶带、酒精等
4	防护用品	工作服、防护手套、护目镜、防毒口罩、工作帽以及必要的急救药品（如洗眼水、创可贴、碘伏、眼药水）等

2. 分组

根据班级人数分成若干组（一组 4～6 人最佳），并选出一名组长，同组人员对操作、观察、记录与总结等进行分工，组长负责领取工量具、耗材等。

3. 强化安全文明生产意识

实训前认真学习相关设备安全操作规程，实训时严格执行安全操作规程，强化安全理念，树立安全意识。

二、安全文明生产检查

以小组为单位进行安全自检，并将结果记录在表 1-3-8 中。

▼ 表 1-3-8　安全检查表

班级		姓名		学号		日期	年　月　日
自检项目						记录	
检查工作服是否已穿好						是 □　否 □	
检查身上饰物是否已摘掉						是 □　否 □	
检查鞋子是否防滑、防扎、防砸						是 □　否 □	
检查工作帽、护目镜、防护手套、防毒口罩等佩戴是否正确						是 □　否 □	
检查是否已把长发盘起并放入工作帽内						是 □　否 □	

三、硅胶模具浇注前准备

1. 利用排气针、排气针筒、主浇道切刀、镊子、尖嘴钳等工具清理硅胶模具的排气孔、浇注口等地方的残料，如图 1-3-2 所示。

操作演示

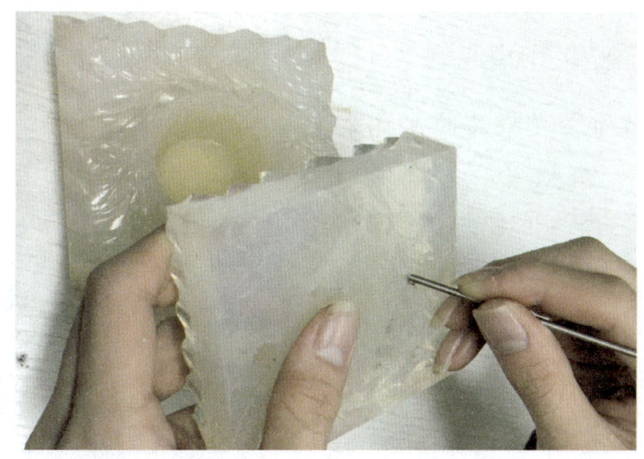

图 1-3-2　清理排气孔处残料

2. 用手术刀在分型面上适当切一圈三角形凹槽用于排气，如图 1-3-3 所示。

图 1-3-3　在分型面上开排气槽

3. 使用气枪清理硅胶模具内残料。如图 1-3-4 所示为清洁后的硅胶模具。

图 1-3-4　清洁后的硅胶模具

小贴士

切勿用手触摸硅胶模具型腔，下模部分是成品的重要工作面，要防止出现手纹。

4. 检查浇注口孔径是否和进料管匹配，必要时进行修整，如图 1-3-5 所示。

图 1-3-5 匹配进料管与浇注口

5. 将硅胶模具放入恒温鼓风干燥箱加热到 70 ℃，保温 1 h 左右，用图 1-3-6 所示工业测温枪测试硅胶模具温度，保证模具温度达到 70 ℃。

小贴士

（1）利用预热硅胶模具的时间，可以把浇注所需的设备、工具和材料等准备好，包括电子秤、进料管、一次性漏斗、透明胶带等。

（2）硅胶模具的保温时间长短和模具体积大小成正比关系，一般小型模具烘烤保温 1 h 左右，具体时间以工业测温枪测试模具温度达到 70 ℃为准。

6. 预热硅胶模具后，在硅胶模具的上、下模工作面上喷适量的脱模剂，如图 1-3-7 所示。脱模剂可以使浇注件更容易取出，同时也能保护硅胶模具，延长模具的使用寿命。

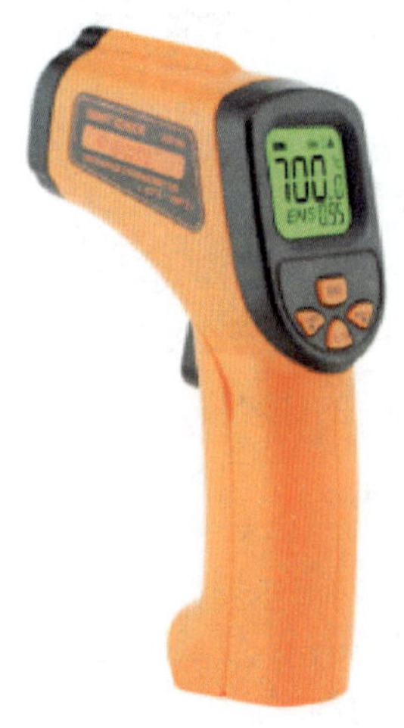

图 1-3-6 工业测温枪

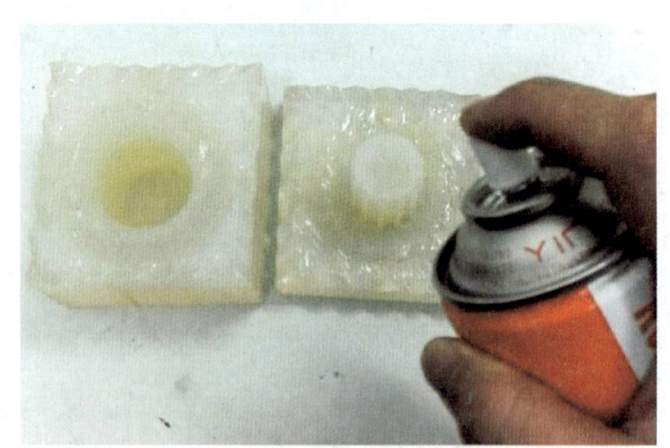

图 1-3-7 喷脱模剂

小贴士

（1）脱模剂的作用是将固化成型的制品顺利地从模具上分离下来，从而得到光滑平整的制品，并保证模具多次使用。

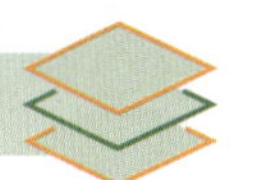

（2）如果模具有高光面，则不可以喷脱模剂，因为高光面喷了脱模剂会影响制品高光面质量。

7. 用记号笔在排气孔、浇注口的位置上做标记，如图 1-3-8 所示。

8. 合模（包模），即将上、下模按照对应的位置合好并用透明胶带进行包裹，如图 1-3-9 所示。贴透明胶带时不能太用力，否则会使模具挤压变形错位；也不能太轻，否则粘贴不紧，容易出现缝隙，导致制品飞边大，尺寸精度不高。

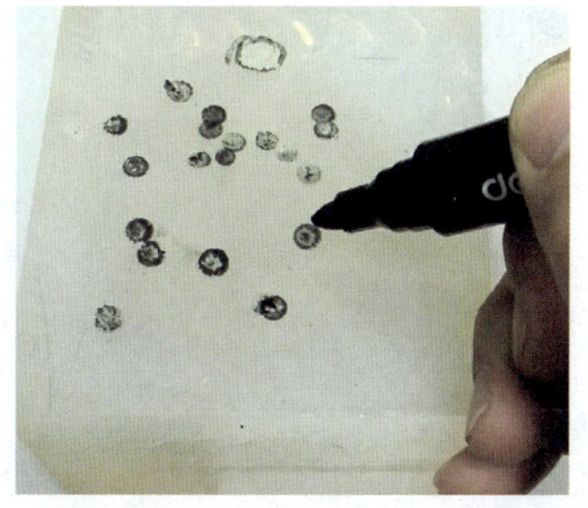

图 1-3-8　标记排气孔、浇注口

图 1-3-9　硅胶模具封胶

小贴士

（1）合模的过程中要注意保证包好的模具表面应平整，在上、下模合模的方向上力道稍微大一点，在非受力面（一般与合模方向相垂直）上不要过分用力。

（2）合模后，可以用透明胶带在硅胶模具顶部缠绕出一圈凸边，如图 1-3-10 所示，用于存放真空浇注时进料管里的残料，否则残料极易弄脏真空注型机。

9. 用手术刀把浇注口和排气孔所在位置的透明胶带以十字方式刺破，如图 1-3-11 所示。

图 1-3-10　硅胶模具顶部的凸边

图 1-3-11　刺破浇注口和排气孔所在位置的透明胶带

四、浇注材料准备

操作演示

根据产品性能要求，采用 Hei-Cast 8150 树脂作为浇注材料。它是一种物理性能好、固化速度快、成品尺寸精度高、具备充分实用强度、冲击韧性好的新型快速成型树脂，可用于验证设计的力学性能，也可用于小批量生产。

Hei-Cast 8150 树脂分 A 和 B 两个组分（液体），水蒸气对 A、B 组分的品质均会产生不良影响，每次用完后应密封保存，避免混入水蒸气。使用时需要将 A 组分和 B 组分以 100：200 的质量比混合，灌注于硅胶模具中，其详细参数见表 1-3-1。

小贴士

（1）Hei-Cast 8150 树脂的 B 组分中含有 1% 以上的二异氰基二苯甲烷，因此作业场所必须通风，作业时必须戴防毒口罩和防护手套，注意防护。

（2）作业时应避免皮肤直接接触材料，如果不小心沾到手等身体部位，应迅速用肥皂洗净并用大量的水冲洗。若不及时处理会使皮肤发生出疹等现象。

（3）万一材料溅到眼睛，应迅速用自来水冲洗 15 min 以上后，尽快去医院就诊。

（4）必须设置排气装置以保证真空注型机的排气被排到室外。

1. 加工前将浇注材料 A、B 料放入恒温鼓风干燥箱加热到 40 ℃，并保温 2 h 以上，用工业测温枪测量浇注材料温度，保证浇注材料温度达到 40 ℃，如图 1-3-12 所示。

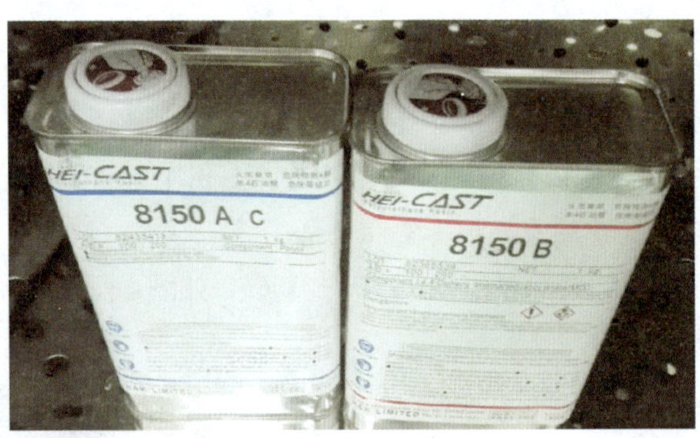

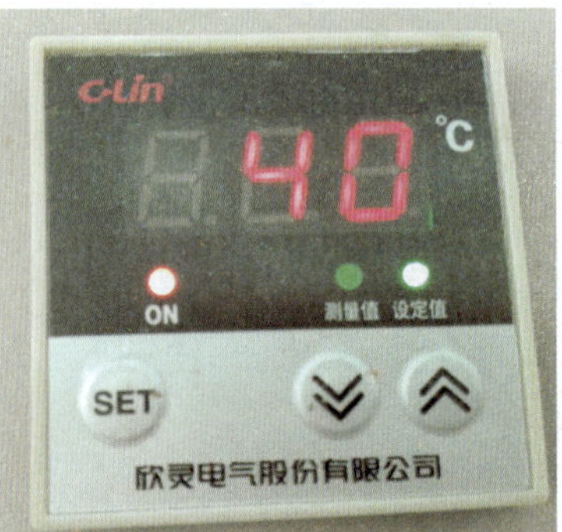

图 1-3-12 加热浇注材料

2. 称量原型件质量并做好记录，如图 1-3-13 所示。本任务中原型件质量为 30 g。

3. 计算浇注材料质量。根据原型件质量计算浇注材料质量，计算方法如下：

$$m_{浇}=Km_{原}+m_{耗}=1.2\times30\ \text{g}+18\ \text{g}=54\ \text{g}$$

经查 Hei-Cast 8150 材料使用说明书可知，树脂 A 组分和 B 组分以 100：200 的质量比混合，所以

$$m_A+m_B=54\ \text{g}$$

$$m_A/m_B=100/200$$

经计算可得：

$$m_A=18\ \text{g}，m_B=36\ \text{g}$$

小贴士

浇注材料的质量 $m_{浇}=Km_{原}+m_{耗}$，K 和 $m_{耗}$ 的取值应尽可能让 $m_{浇}$ 向上取整数。

4. 分别称量浇注材料 A、B 料，如图 1-3-14 所示。

图 1-3-13　称量原型件质量

图 1-3-14　称量浇注材料 A、B 料

小贴士

（1）粘杯问题的解决方法：树脂 A 料粘杯会造成 A、B 料配比出现误差，从而可能导致产品出现不固化现象。称量 A 料时，应先将少部分 A 料倒入 A 料杯后，再将 A 料从 A 料杯倒回 A 料容器中，注意 A 料杯倒回路径要正对料杯口，应尽可能保证料杯干净。

（2）真空复模浇注材料有一定的毒性，称量浇注材料时必须正确戴防护手套、护目镜、防毒口罩等防护用品。

五、真空浇注生产

1. 将一次性漏斗放在搅拌系统的对应位置上，并将硅胶模具摆放在工作平台上，调整工作平台高度，剪出适当长度的进料管，然后用进料管和漏斗连接器将一次性漏斗和硅胶模具连接起来，如图 1-3-15 所示。摆放硅胶模具时，与浇注口相对的一端应用物品垫高一些，使空气集中从上部排除，如图 1-3-16 所示。

图 1-3-15　摆放硅胶模具

图 1-3-16　垫高硅胶模具

2. 将称量好的 A、B 料杯置于真空注型机的相应位置，并固定搅拌器，如图 1-3-17 所示。

3. 关上真空注型机真空室门，抽真空 10～15 min，并摇动 A、B 料杯，如图 1-3-18 所示。

图 1-3-17　固定料杯与搅拌器

图 1-3-18　摇动 A、B 料杯

4. 启动搅拌器，将 A 料杯中材料倒入 B 料杯并将 A 料杯复位，然后不断搅拌 50～60 s，使其搅拌均匀，如图 1-3-19 所示。

小贴士

（1）抽真空过程中需要不断摇动料杯。

（2）若浇注材料的 A、B 料反应时间很慢，可以先混合 A、B 料后放入真空注型机，再

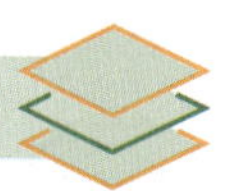

抽真空。

（3）若浇注材料的A、B料反应时间很快，可先抽真空后单独脱泡，再边搅拌边混合A、B料。

（4）A料杯复位时的倒干程度应尽可能与称量时回倒的倒干程度一致。

5. 按下点动排气按钮慢慢将压力调整到负大气压70 kPa左右，如图1-3-20所示。然后迅速恢复到最大负压值100 kPa，待确定材料表面看不到气泡后，按下真空泵按钮停止抽真空，再慢慢将材料倒入一次性漏斗，进行浇注，如图1-3-21所示。

图1-3-19 混合A、B料并搅拌

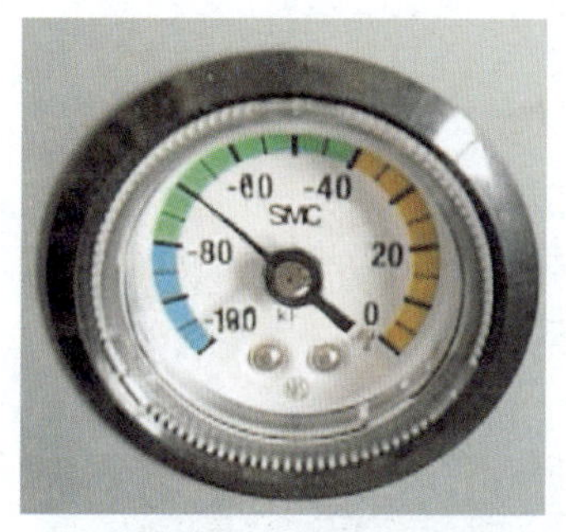

图1-3-20 调整真空室压力

图1-3-21 浇注

6. 按下点动排气按钮，缓慢恢复真空注型机真空室内的大气压至60 kPa，如图1-3-22所示，观察硅胶模具最高位的排气孔是否有材料溢出。

7. 若硅胶模具最高位的排气孔有材料溢出，说明浇注材料已充满，如图1-3-23所示，此时可按下自动排气按钮恢复大气压。

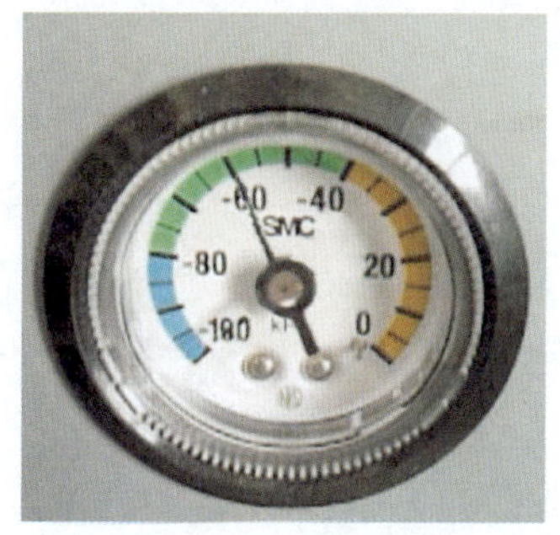

图1-3-22 点动卸压

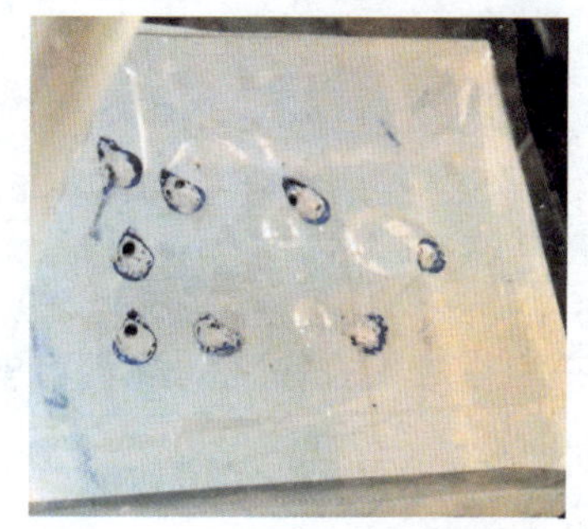

图1-3-23 排气孔溢出材料

8. 打开真空注型机真空室门，拆下漏斗连接器，将硅胶模具取出，如图 1-3-24 所示。

图 1-3-24　取出硅胶模具

小贴士

进料管内材料后期会起到补充硅胶模具内材料的作用。

9. 关闭真空注型机电源总开关并清洁真空注型机。用酒精清洗 A、B 料杯和搅拌器等，用毛刷、铲刀清理工作平台、搅拌系统，如图 1-3-25 所示。

图 1-3-25　清洗与清理工作

六、浇注后硅胶模具的烘干固化处理

先将硅胶模具放置在台灯下检查，观察是否有特大的气泡未排出。如果有，可以使用排气针在气泡处刺孔排气。检查完毕，对硅胶模具进行烘干固化处理，具体操作步骤见表 1-3-9。

▼ 表 1-3-9　浇注后硅胶模具的烘干固化处理

操作步骤	1. 将硅胶模具水平放置在恒温鼓风干燥箱内，将温度调整到 75 ℃，烘烤 40 min	2. 取出烘烤完成的硅胶模具	3. 用手术刀将表面透明胶带除去
图示			
操作步骤	4. 打开硅胶模具	5. 取出浇注好的产品	
图示			

七、对产品附加结构进行后处理

后处理包括去除浇注口和排气孔残留、修补缺陷、打磨、调整尺寸等。

任务测评

按表 1-3-10 所列评价要点进行任务评价，并将结果填入表中。

▼ 表 1-3-10　任务评价表

班级		姓名		学号		日期	年　月　日
序号	**评价要点**					**配分（分）**	**得分（分）**
1	了解真空复模常用的浇注材料和真空复模常用工量具					10	
2	能计算和称量浇注材料质量					20	
3	能用硅胶模具进行真空浇注生产					20	
4	熟悉真空浇注过程中的相关注意事项					20	
5	安全意识、责任意识强					6	
6	积极参加学习活动，按时完成各项任务					6	
7	团队合作意识强，善于与人交流和沟通					6	
8	自觉遵守劳动纪律，不迟到、不早退，中途不离开实训现场					6	
9	严格遵守“6S”管理要求					6	
小结建议					总计	100	

项目二

无人机底座硅胶模具制作

学习目标

1. 掌握硅胶模具制作工艺流程。
2. 能对真空复模原型件进行前期处理。
3. 能根据产品结构设计合理的分型面和硅胶模具模框。
4. 能正确计算和称量硅胶和固化剂用量，并能熟练进行硅胶的脱泡和固化。
5. 熟练掌握开模的方法及相关注意事项。
6. 能熟练设计模具浇注口和排气孔。

项目描述

现接到某公司一批加工订单，要求小批量生产如图 2-0-1 所示无人机底座。该零件材料为 ABS，大小约为 155 mm × 75 mm × 12 mm，零件上有螺纹孔、散热窗等。经生产周期和成本计算综合比较后，决定用真空复模方法完成该批次订单生产。目前，3D 打印快速制造车间已生产出原型件，并经过打磨、抛光处理后达到客户要求。本项目需要模具车间制作若干硅胶模具交付生产车间使用。

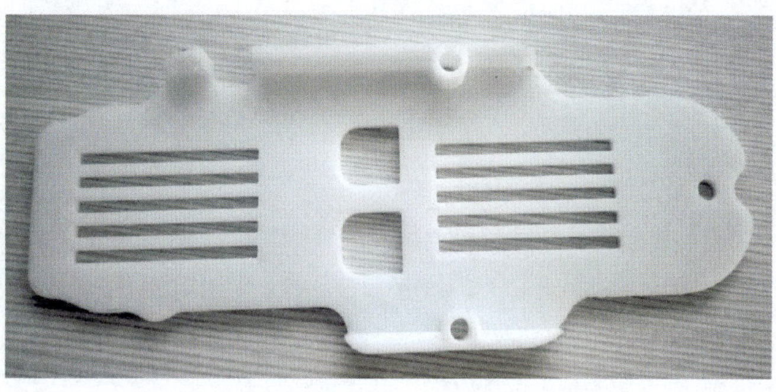

图 2-0-1　无人机底座

 项目分析

接受工作任务后，首先熟悉工作场地的环境、设备管理要求等，分析出硅胶模具制作的工艺步骤，然后独立完成无人机底座原型件的前期处理、硅胶模具的模框制作、硅胶的脱泡与固化以及硅胶模具的设计制作，并按现场管理规范要求清理场地、归置物品，按环保要求处理废弃物。该项目可由以下四个任务分步完成：

任务 1　无人机底座原型件前期处理；

任务 2　无人机底座硅胶模具模框制作；

任务 3　无人机底座硅胶模具硅胶脱泡与固化；

任务 4　无人机底座硅胶模具制作。

任务 1　无人机底座原型件前期处理

 学习目标

1. 熟悉硅胶模具制作工艺流程。
2. 掌握分型面的定义及选择原则。
3. 能对原型件进行封孔处理。
4. 能设计合理的分型面并贴分模边。

 任务引入

真空复模技术作为快速模具制造技术的一种，是在真空条件下利用产品原型件在真空状态下制作出硅胶模具。这就要求在制作硅胶模具前对产品原型件进行必要的前期处理，包括封孔、贴分模边等。

相关知识

一、硅胶模具

1. 硅胶模具制作原理

在真空状态下将液态硅胶浇注到模框中，液态硅胶在真空负压的状态下释放气泡，并牢固地贴附在原型件表面，待固化后便形成硅胶模具。产品浇注时，在真空负压状态下先让液态的浇注材料释放气泡，之后浇注到硅胶模具中，待其固化后便形成产品。

2. 硅胶模具制作工艺流程

硅胶模具制作工艺流程是原型件处理→原型件位置固定→模框制作→配置硅胶→硅胶脱泡→灌注硅胶→硅胶二次脱泡（整体脱泡）→模具固化→开模→组合模具，如图 2-1-1 所示。

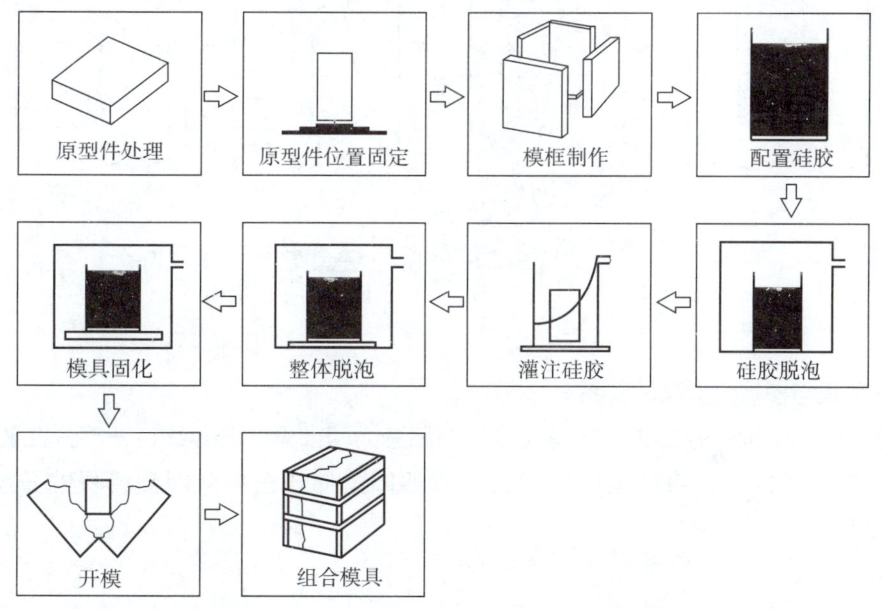

图 2-1-1　硅胶模具制作工艺流程

3. 硅胶模具的特点

硅胶模具的优点如下：

（1）硅胶模具具有良好的柔性和弹性，能够复制结构复杂、花纹精细和具有一定倒拔模斜度的零件。

（2）硅胶模具制作周期短、成本低、制件质量高，易脱模，易修改和修正，并能重复使用，保养费用低。

（3）硅胶模具具有变形小、耐高温、耐酸碱、膨胀系数低等特点，仿真效果非常好。

硅胶模具的缺点是：使用寿命相对于钢模较短，精度相对不高，所使用材料均是化工原料，成型产品达不到工程塑料的标准，无法在食品、医疗用品上正常使用。

二、分型面

1. 分型面的定义

为了将浇注材料在硅胶模具型腔内已成型塑件取出而将硅胶模具分离的接触表面称为分型面，也叫合模面。一般来说，硅胶模具由凹模和凸模两大部分组成，分型面是硅胶模具这两大部分在闭合状态时接触的面。分型面的基本形式有平面、斜面、阶梯面、曲面等，如图 2-1-2 所示。在实际生产中，产品往往都包含两种或两种以上的分型面，需要根据实际情况灵活运用。

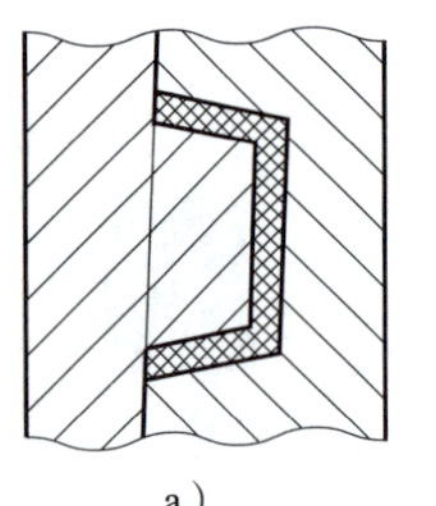
a）

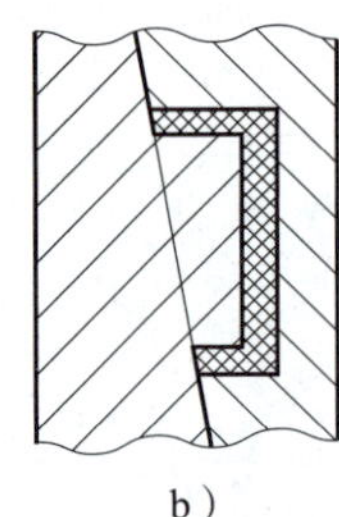
b）

c）

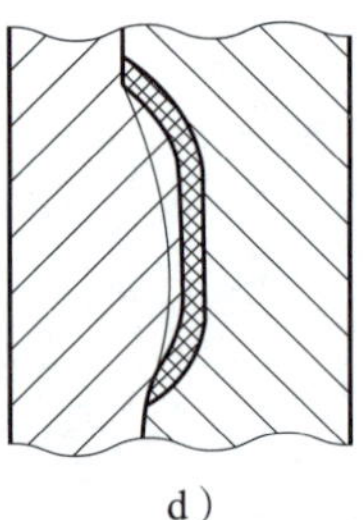
d）

图 2-1-2　分型面的基本形式

a）平面　b）斜面　c）阶梯面　d）曲面

2. 制品分型线与模具分型面的关系

根据零件形状确定分型线。分型线是将制品分为两部分的分界线，一部分在凹模成型，另一部分在凸模成型。将分型线向凹、凸模四周延伸或扫描就得到模具的分型面，如图 2-1-3 所示。

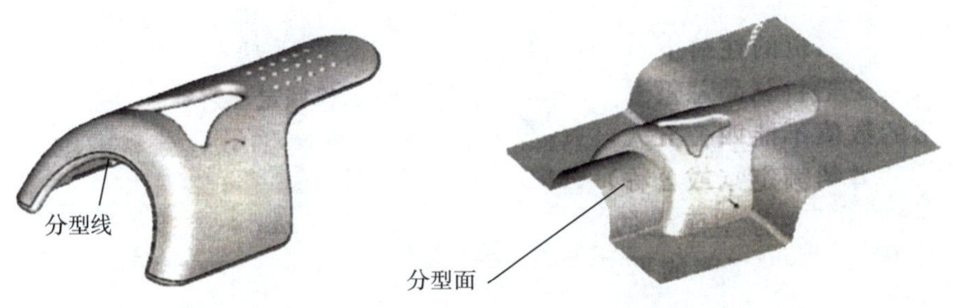

图 2-1-3　分型线与分型面

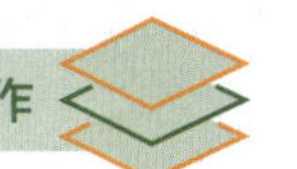

制品分型线与模具分型面的关系如下：

（1）如果制品分型线在同一平面内，则模具分型面为平面。

（2）当制品分型线在具有单一曲面（如柱面）特性的曲面上时，则按曲面的曲率方向延伸一定距离（通常不小于 5 mm）创建分型面。

（3）当制品分型线为较复杂的空间曲线时，应该沿曲率方向构建一个较平滑的分型面，这种分型面易于加工、不易损坏。

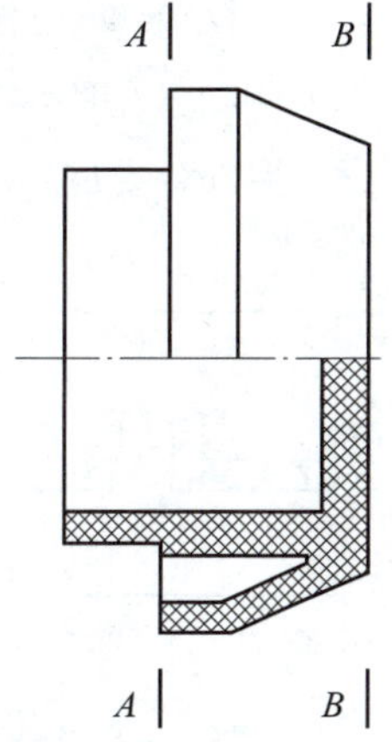

图 2-1-4　分型面在最大轮廓处

3. 分型面的选择原则

分型面选择的好坏对塑件质量、操作难易程度、模具制造都有很大的影响。通常应遵循以下原则：

（1）保证塑件能够脱模

保证塑件能够脱模是分型面选择的首要原则。设置分型面的目的就是为了能够顺利从型腔中脱出制品，根据这个原则，分型面应首选在制品的最大轮廓线上，最好在一个平面上，而且此平面应与开模方向垂直。例如，对于图 2-1-4 所示制件，应选 *A*—*A* 面作为分型面。

（2）保证塑件的外观质量

塑件脱模后，在分型面的位置会留有一圈毛边，通常称之为飞边、毛刺，即使这些毛边在脱模后立即割除，仍会在塑件上留下痕迹，影响塑件外观质量，所以分型面最好不要选在塑件光滑的外表面或带圆弧的转角处。例如，对于图 2-1-5 所示制件，图 2-1-5b 所示分型面更能保证塑件的外观质量，图 2-1-5a 所示分型面会在塑件的光滑外表面上留下痕迹。

（3）保证塑件的精度

如对于同轴度要求高的塑件，在选择分型面时，应尽量将有同轴度要求的型腔放在分型面的同一侧，避免由于合模精度的影响而引起形状和尺寸上的偏差。例如，图 2-1-6 所示的两种方案中，图 2-1-6a 能更好地保证塑件的同轴度。

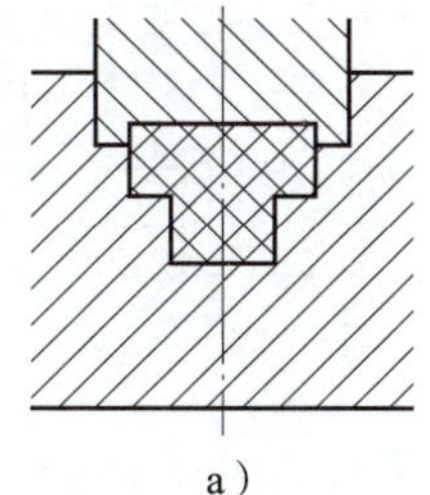

a）

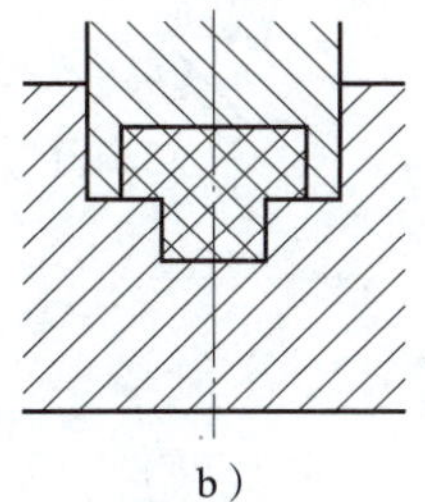
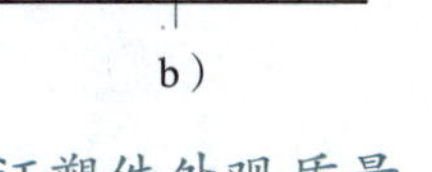

b）

图 2-1-5　分型面应保证塑件外观质量

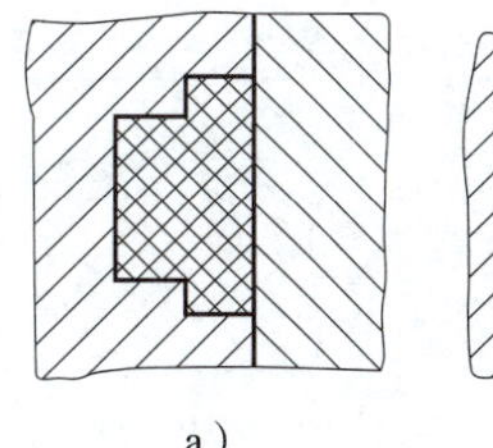

a）

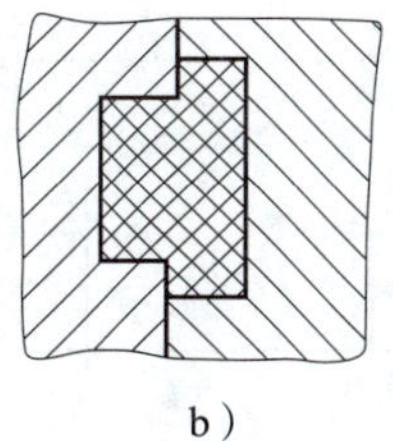

b）

图 2-1-6　分型面应保证塑件同轴度

（4）应考虑投影面积和锁模力

为了可靠地锁模以避免胀模溢料现象的发生，选择分型面时应尽量减小塑件在合模分型面上的投影面积。例如，图 2-1-7 所示的两种方案中，图 2-1-7b 更合理，因为塑件在该合模分型面上的投影面积更小。

（5）应考虑侧向轴拔距，尽量减少镶件

选择分型面时，应将镶件分型距离长的一方放在主开模方向上，而将短轴拔距的一方作为侧向分型的镶件。例如，图 2-1-8 所示的两种方案中，图 2-1-8b 比图 2-1-8a 更合理。另外，要尽量减少镶件，因为增加镶件会影响塑件尺寸、配合精度等。

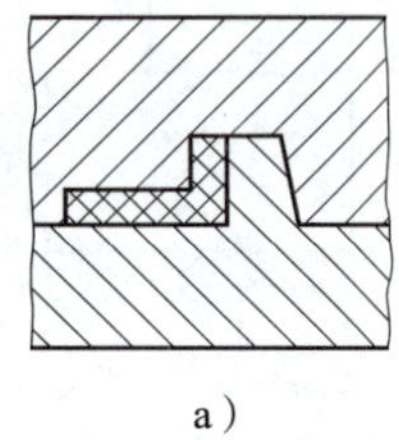
a）

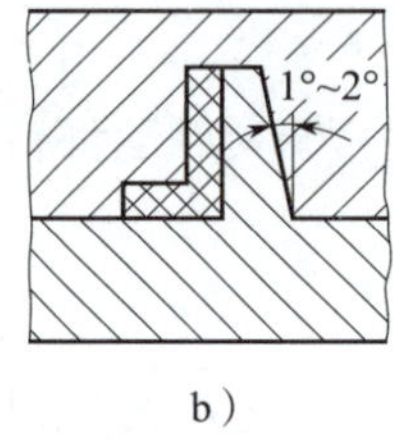

b）

图 2-1-7　塑件在合模分型面上的投影面积

a）

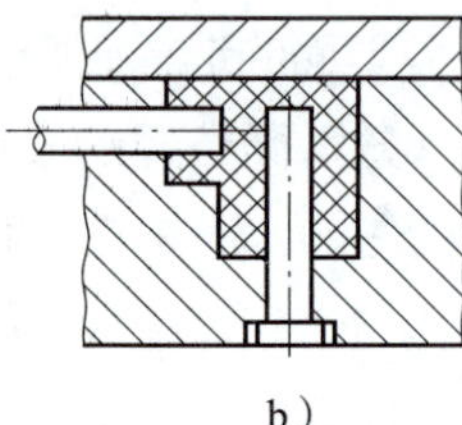
b）

图 2-1-8　考虑侧向轴拔距

（6）使分型面容易加工

分型面精度是整个硅胶模具精度的重要部分，要力求使分型面的平面度和凸、凹模配合面的平行度在公差范围内。因此，分型面应尽量是平面，且与脱模方向垂直，从而使分型难度降低，精度得到保证。如图 2-1-9 所示的两种方案中，图 2-1-9b 所示分型面更容易加工。

（7）有利于排气

分型面应尽量与型腔填充时浇注材料熔体的料流末端所在的型腔内壁表面重合，以利于把型腔内的气体排出。例如，图 2-1-10b 所示分型面要比图 2-1-10a 所示分型面更利于排气。

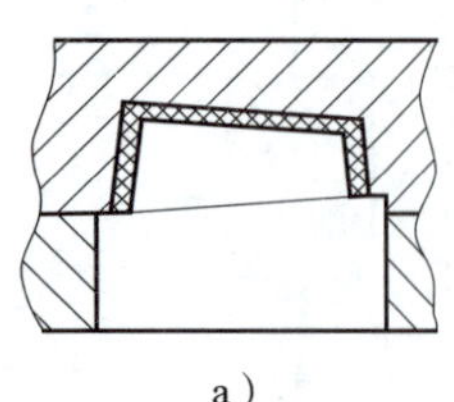
a）

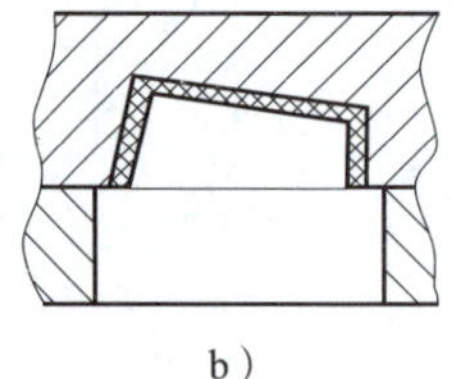
b）

图 2-1-9　使分型面容易加工

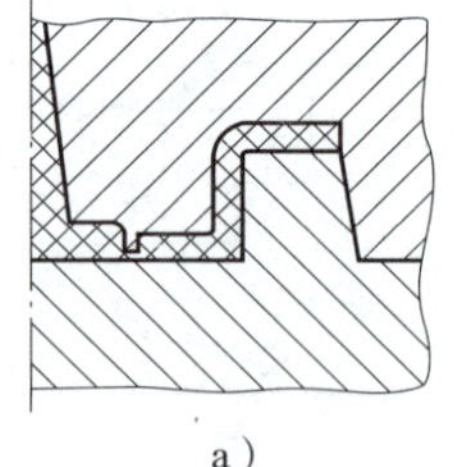
a）

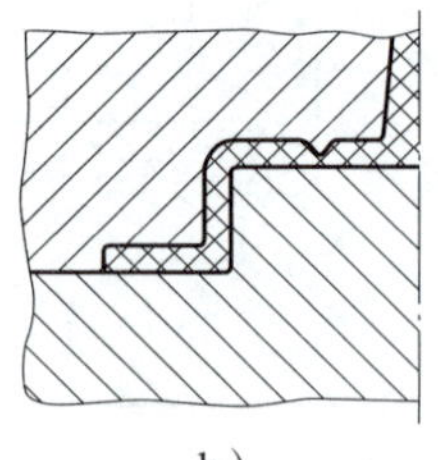
b）

图 2-1-10　分型面应有利于排气

三、双分型面硅胶模具

对于有两个凹凸台阶面的塑料制件，为了开模后能顺利取出原型件，必须采用双分型面设计。如图 2-1-11 所示柱形扇叶，如果采用单分型面，开模时将无法取出原型件。如图 2-1-12 所示为柱形扇叶的双分型面硅胶模具，如图 2-1-13 所示为某机械零件的双分型面硅胶模具。

图 2-1-11　柱形扇叶

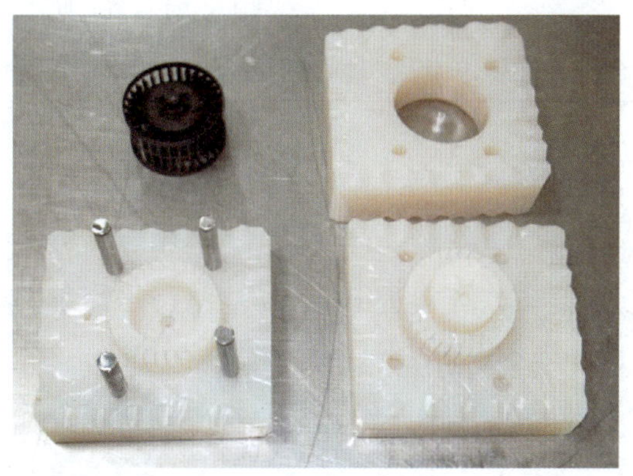

图 2-1-12　柱形扇叶的双分型面硅胶模具

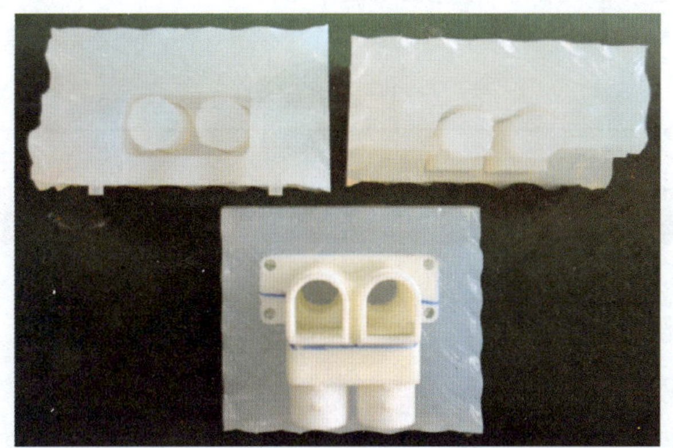

图 2-1-13　某机械零件的双分型面硅胶模具

任务实施

一、任务准备

1. 车间准备

根据任务要求联系真空复模车间管理员，提前准备相应的工具、材料及防护用品等，见表 2-1-1。

▼ 表 2-1-1　工具、材料及防护用品清单

序号	类别	准备内容
1	工具	剪刀、手术刀、压刀、镊子、记号笔等
2	材料	无人机底座原型件、防水胶带等
3	防护用品	工作服、工作帽以及必要的急救药品（如洗眼水、创可贴、碘伏、眼药水）等

2. 分组

根据班级人数分成若干组（一组 4～6 人最佳），并选出一名组长，同组人员对操作、观察、记录与总结等进行分工，组长负责领取工量具、耗材等。

3. 强化安全文明生产意识

实训前要强化安全理念，树立安全意识。

二、安全文明生产检查

以小组为单位进行安全自检，并将结果记录在表 2-1-2 中。

▼ 表 2-1-2　安全检查表

<table>
<tr><td>班级</td><td></td><td>姓名</td><td></td><td>学号</td><td></td><td>日期</td><td>年　月　日</td></tr>
<tr><td colspan="6">自检项目</td><td colspan="2">记录</td></tr>
<tr><td colspan="6">检查工作服是否已穿好</td><td colspan="2">是 □　否 □</td></tr>
<tr><td colspan="6">检查身上饰物是否已摘掉</td><td colspan="2">是 □　否 □</td></tr>
<tr><td colspan="6">检查鞋子是否防滑、防扎、防砸</td><td colspan="2">是 □　否 □</td></tr>
<tr><td colspan="6">检查工作帽等佩戴是否正确</td><td colspan="2">是 □　否 □</td></tr>
<tr><td colspan="6">检查是否已把长发盘起并放入工作帽内</td><td colspan="2">是 □　否 □</td></tr>
</table>

三、原型件封孔处理

操作演示

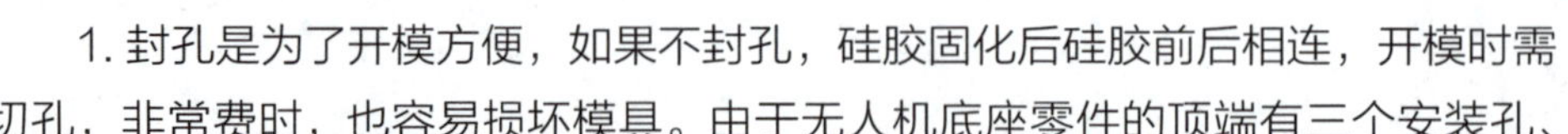

1. 封孔是为了开模方便，如果不封孔，硅胶固化后硅胶前后相连，开模时需切孔，非常费时，也容易损坏模具。由于无人机底座零件的顶端有三个安装孔、一个定位孔和若干散热窗，因此需要使用防水胶带贴住工件上这些通孔和散热窗的一侧，如图 2-1-14 所示。

2. 用手术刀和镊子清除多余的胶带，操作时要注意控制好力度，不要伤到原型件，如图 2-1-15 所示。

3. 在封好的散热窗四周较难排气，因此需要在对应的防水胶带上用手术刀开三角形的排

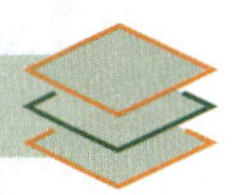

气孔，以防止硅胶模具在灌注时空气排不出，形成气泡，如图 2-1-16 所示。

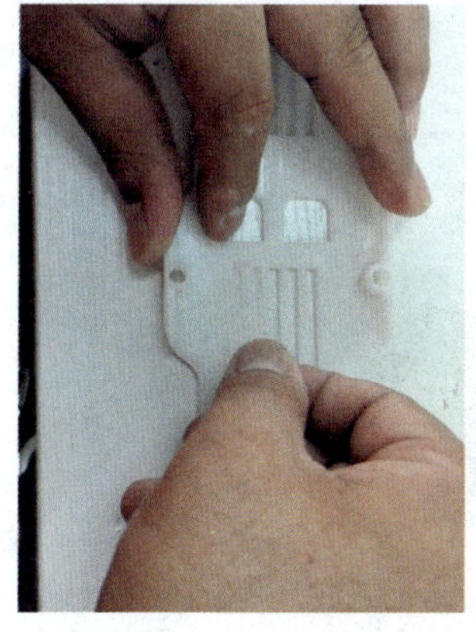
图 2-1-14　封孔处理

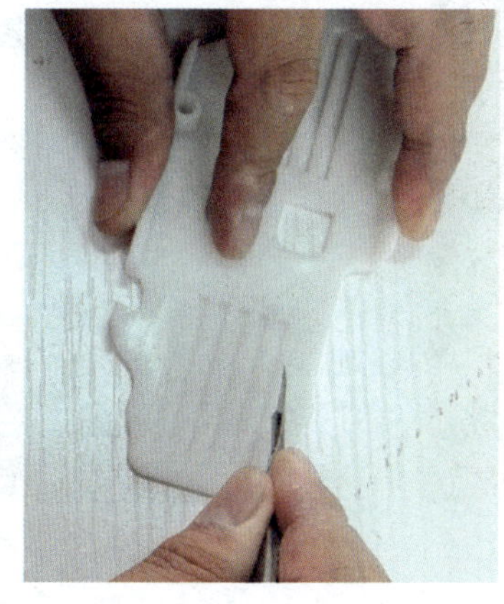
图 2-1-15　清除多余的胶带

图 2-1-16　开三角形排气孔

小贴士

（1）封孔时只封工件上的通孔。

（2）一般在工件的内侧粘贴防水胶带，以免影响主要面的表面质量。

四、原型件分型面设计与贴分模边

操作演示

1. 无人机底座形状为左右不对称的具有两个台阶的平面结构，安装孔边沿有高阶边沿，边沿形状多为弧形，外表面在同一个平面上，其零件如图 2-0-1 所示，为保证外表面的质量，确定以内侧轮廓面为分型面。

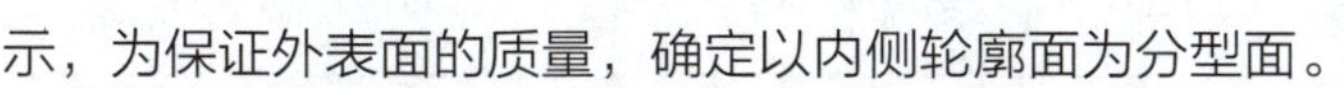
2. 为了方便开模，通常会采用贴分模边的方法确定原型件分型面，以使后期开模方便。具体操作步骤如下：

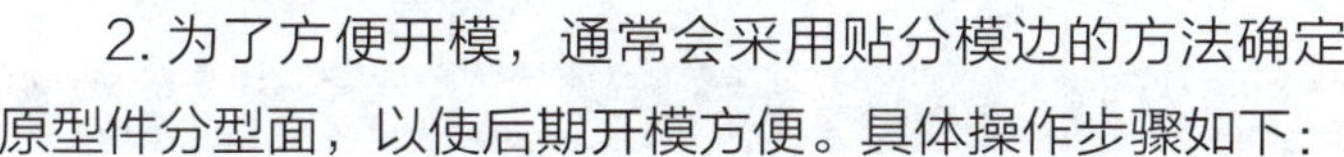
（1）使用防水胶带贴住原型件的分模边缘，一般粘在工件上的胶带宽 2～4 mm，粘贴要保证紧固，可用压刀沿工件边沿压紧，如图 2-1-17 所示。内侧多余的胶带可以使用手术刀割除。

（2）利用剪刀修剪外侧胶带，保证分模边为 5 mm 左右，如图 2-1-18 所示。

（3）用颜色鲜明、反差大的记号笔在分模边的外沿涂上颜色，以便开模取样时比较容易找到分模边，如图 2-1-19 所示。

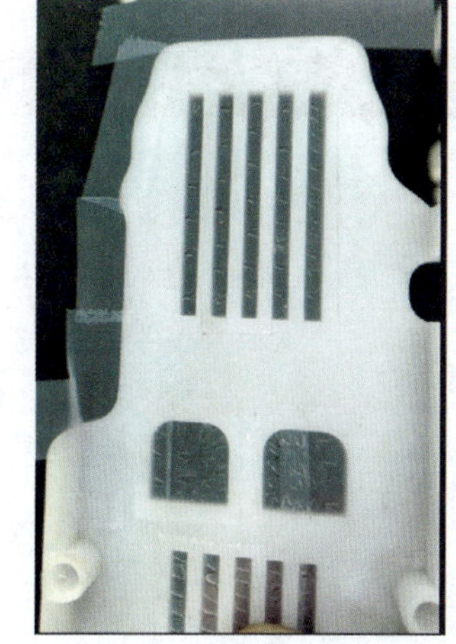
图 2-1-17　沿分模边贴胶带

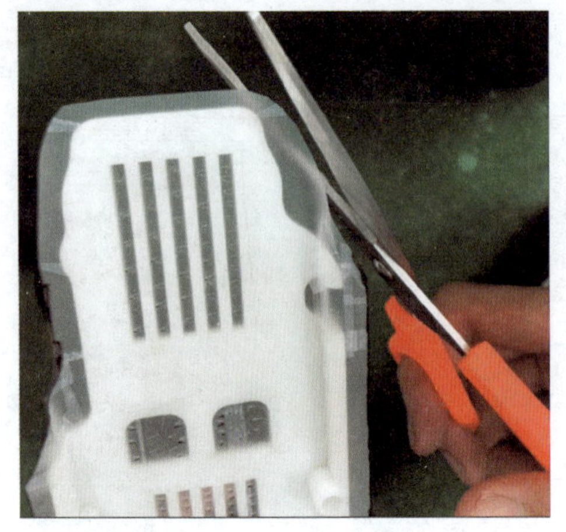

图 2-1-18　修剪外侧胶带

图 2-1-19　标记分模边

小贴士

用颜色鲜明、反差大的记号笔在原型件分型线上涂上颜色可以代替分模边，但会增加后期开模难度。

任务测评

按表 2-1-3 所列评价要点进行任务评价，并将结果填入表中。

▼ 表 2-1-3　任务评价表

班级		姓名		学号		日期	年　月　日
序号	评价要点					配分（分）	得分（分）
1	了解硅胶模具制作工艺流程					10	
2	能设计硅胶模具分型面					20	
3	能对原型件进行封孔处理					20	
4	能给原型件贴分模边					20	
5	安全意识、责任意识强					6	
6	积极参加学习活动，按时完成各项任务					6	
7	团队合作意识强，善于与人交流和沟通					6	
8	自觉遵守劳动纪律，不迟到、不早退，中途不离开实训现场					6	
9	严格遵守“6S”管理要求					6	
小结建议					总计	100	

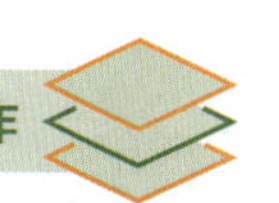

任务 2　无人机底座硅胶模具模框制作

学习目标

1. 熟悉浇注口的类型和设计原则，能设计合理的浇注口。
2. 了解排气孔的作用，并能安装排气棒。
3. 了解模框常用板料，并能设计合理的模框。
4. 能熟练计算模框尺寸。
5. 能合理摆放并固定原型件。

任务引入

制作硅胶模具时，模框用于液态硅胶的定型。模框的制作决定了模具的大小、壁厚和硅胶材料的使用量。本任务主要学习硅胶模具模框制作的相关知识，并根据原型件制作合理的模框。

相关知识

一、浇注口

1. 浇注口的概念

浇注口也称为进料口和进胶口，是连接进料管与型腔的通道。浇注口的位置、形状及尺寸设计对塑件性能和质量有较大影响。

浇注口可分为限制性浇注口和非限制性浇注口两类。非限制性浇注口的截面尺寸比较大，它主要是对中大型筒类、壳类塑件型腔起引料和进料后的施压作用。限制性浇注口的截面尺寸比较小，其作用如下：

（1）浇注口通过截面积的突然变化，提高分浇道送来的浇注材料熔体的注射压力，使浇注材料熔体通过浇注口的流速有一突变性增加，提高浇注材料熔体的剪切速度，降低黏度，使其成为理想的流动状态，从而迅速均衡地充满型腔。

（2）对于多型腔模具，调节浇注口的尺寸，还可以使非平衡布置的型腔达到同时进料的目的。

（3）可起到较早固化、防止型腔中熔体倒流的作用。

（4）浇注口截面尺寸小，有利于在塑件的后加工过程中塑件与浇注口凝料的分离。

2. 浇注口的类型

硅胶模具的浇注口可以采用直接浇注口、中心浇注口、侧浇注口、环形浇注口和轮辐式浇注口等。

（1）直接浇注口

直接浇注口又称为主浇道型浇注口，如图 2-2-1 所示。直接浇注口流动阻力小，流动路程短，补缩时间长，有利于消除深型腔处气体不易排出的现象。采用直接浇注口能使塑件和浇注口在分型面上的投影面积最小，模具结构紧凑；但容易使塑件翘曲变形，浇注口截面大，塑件的浇注口留有较大的浇注口痕迹，影响塑件的美观。直接浇注口适用于原型件比较重、侧面难以支撑的成型深腔的壳形塑件制品，不适用于成型平薄或容易变形的制品。

（2）中心浇注口

中心浇注口是直接浇注口的一种特殊形式，其特点是沿制品内孔的圆周进料，如图 2-2-2 所示。它具有直接浇注口的一系列优点。中心浇注口的环形面积小于进料管的面积，使得浇注材料的流速突然增加，提高了剪切速度，降低了黏度，克服了直接浇注口易产生缩孔、变形等缺陷的缺点。中心浇注口适用于圆筒、圆环或中心带孔制品。

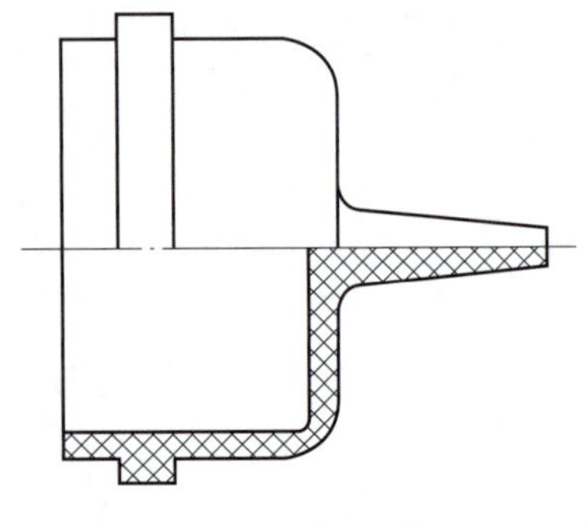

图 2-2-1　直接浇注口

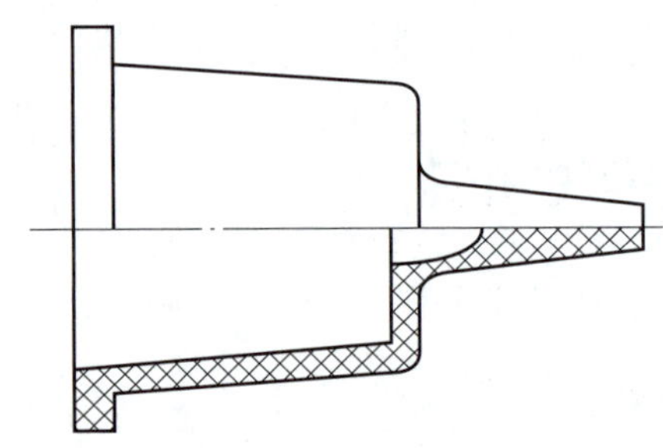

图 2-2-2　中心浇注口

（3）侧浇注口

侧浇注口也称为标准浇注口，一般开设在分型面上，浇注材料熔体从内侧或外侧浇注口进入模具型腔，其截面形状多为矩形（扁槽），如图 2-2-3 所示。其特点是浇注口截面尺寸小，节省浇注材料，去除浇注口容易，不会留下明显痕迹。侧浇注口可根据塑件的形状特征选择其位置，加工和修整方便，因此它是应用较广泛的一种浇注口，适用于绝大多数小件制品和多腔模具。

（4）环形浇注口

对型腔填充采用圆环形进料形式的浇注口称为环形浇注口，如图 2-2-4 所示。环形浇注口的特点是进料均匀，流动状态好，型腔中的空气容易排出，可基本避免熔接痕迹；但浇

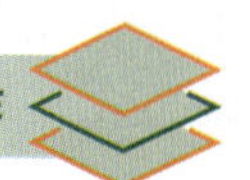

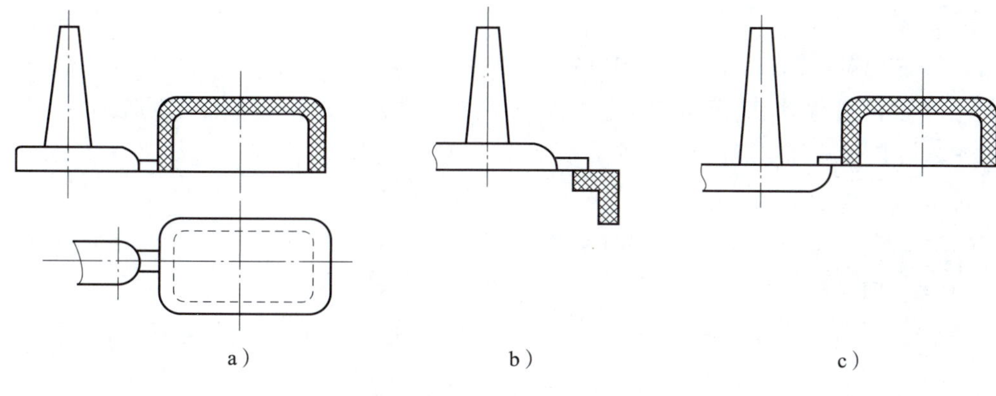

图 2-2-3　侧浇注口

注口去除较难，浇注口痕迹明显。环形浇注口适用于筒形塑件。

（5）轮辐式浇注口

轮辐式浇注口是在环形浇注口的基础上改进而成的，由原来的圆周进料改为数小段圆弧进料，如图 2-2-5 所示。轮辐式浇注口相比环形浇注口容易去除浇注口，但是会增加熔接痕迹，影响塑件的强度。轮辐式浇注口也适用于筒形塑件。

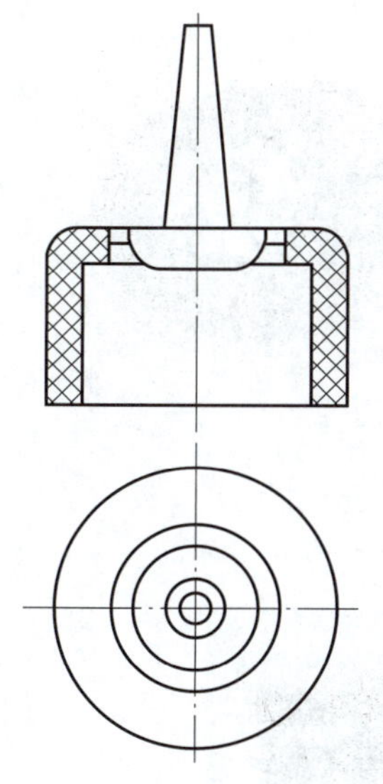

图 2-2-4　环形浇注口

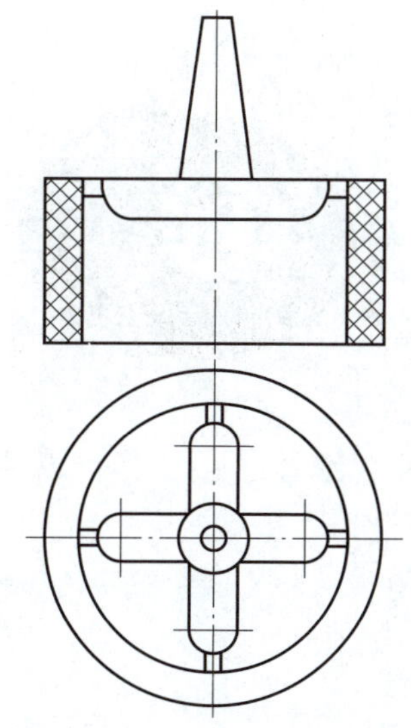

图 2-2-5　轮辐式浇注口

3. 浇注口位置设计原则

（1）满足流体力学的要求，在浇注时成型材料能够迅速地充满型腔。

（2）浇注口开设在塑件断面较厚的部位，使浇注材料从厚料断面流入薄料断面，以保证充模完全。

（3）必须尽量减少熔接痕迹。

（4）浇注口位置的选择应有利于排除型腔中的空气。

（5）浇注口不宜使熔料直接冲入型腔，否则会产生旋流，在塑件上留下旋涡形的痕迹，特别是窄浇注口更容易出现这种缺陷。

（6）浇注口应尽量开设在不影响塑件外观的位置，如边缘底部。

（7）浇注口处应避免弯曲和受冲击载荷。

（8）浇注口的尺寸取决于塑件的尺寸、形状和塑料的性能。

（9）设计一模多腔时，要平衡考虑浇注口的位置，尽量使浇注材料同时均匀浇注。

二、一模多腔硅胶模具

在复模小件产品时，可以采用一模多腔硅胶模具进行复模生产，这样可有效减少浇注材料损耗，节约成本，提高生产效率。

采用一模多腔硅胶模具进行复模生产时，浇注口一般采用环形浇注口或轮辐式浇注口，位置应选择在所有型腔的中心位置，这样才能保证在浇注时腔体的灌注时间和排气效果比较接近，成型效果也更接近。如图 2-2-6 所示为耳机罩一模二腔硅胶模具的浇注口设计。如图 2-2-7 所示为某产品的一模二腔硅胶模具。

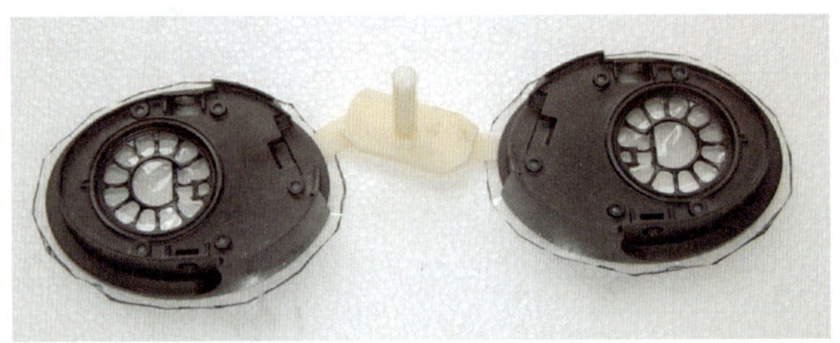

图 2-2-6　耳机罩一模二腔硅胶模具的浇注口设计

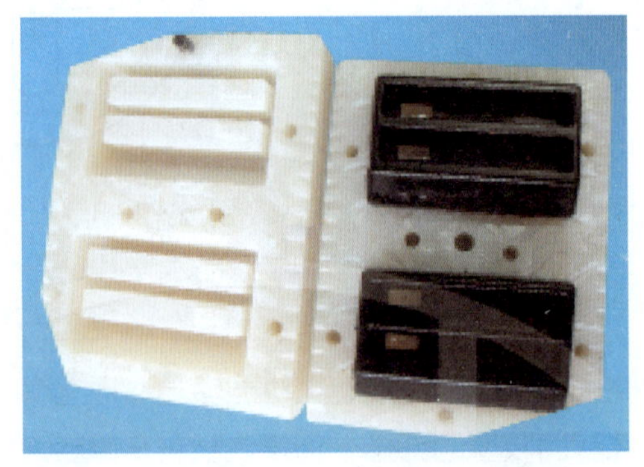

图 2-2-7　一模二腔硅胶模具

三、模框设计

模框的制作决定了模具的大小、壁厚和硅胶材料的使用量。

1. 模框形状

根据原型件的大小围成模框，形状一般为矩形。对于一些特殊结构零件，为了降低成本，可按其形状搭建模框，如图 2-2-8 所示。

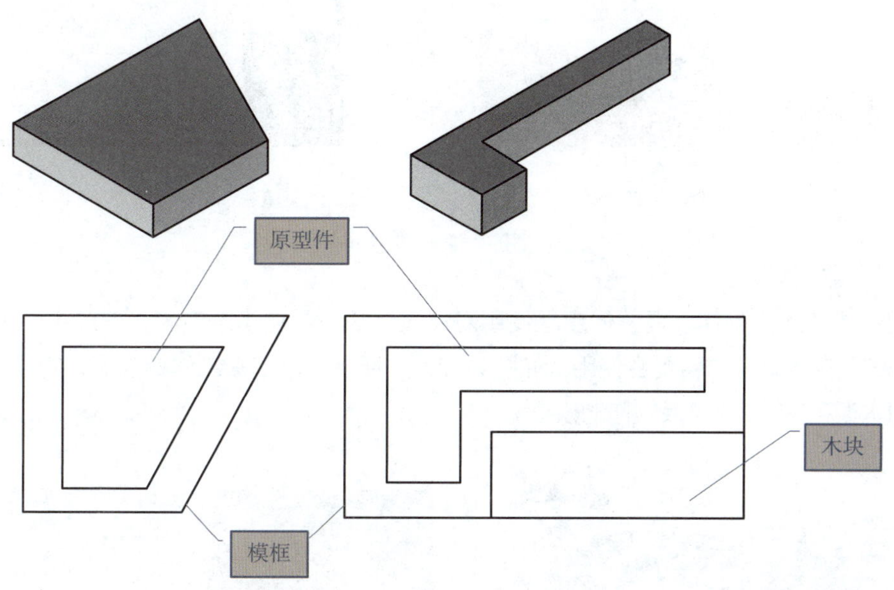

图 2-2-8 按形状搭建模框

2. 模框板料

用于制作模框的板料要求薄而平，有一定的刚度，且不易变形。模框板料的表面质量决定了模具的表面质量，影响硅胶模具的透明度。在模框搭建好之后，板料之间的缝隙一定要用热熔胶棒填实，以防止硅胶漏出。一般选用厚度为 3 mm 左右的亚克力板、ABS 塑料板、铝板或木板等。

（1）亚克力板

亚克力板（见图 2-2-9）又叫 PMMA 或有机玻璃板，是一种可塑性高分子材料。亚克力板有透明板、染色透明板、乳白板、彩色板等类型，其具有较好的透明性、化学稳定性和耐候性，易染色，易加工，外观优美，广泛应用于工业生产中。

（2）ABS 塑料板

ABS 塑料板（见图 2-2-10）是一种新兴材料，其全名为丙烯腈 - 丁二烯 - 苯乙烯共聚物板。它的冲击韧度极高，尺寸稳定性好，染色性、成型加工和机械加工性好，强度高，刚度高，吸水性低，耐腐蚀性好，连接简单，无毒无味，具有优良的化学性能和绝缘性能，广泛应用于工业生产中。

图 2-2-9　亚克力板

图 2-2-10　ABS 塑料板

（3）铝板或木板

使用铝板或木板制作模框，优点是使用寿命长，缺点是加工难度大，一般中、大批量生产时优先选用或者几种材料配合使用。如图 2-2-11 所示为用铝板制作的模框，如图 2-2-12 所示为用木板和 ABS 塑料板制作的模框。

图 2-2-11　铝板模框

图 2-2-12　木板和 ABS 塑料板模框

3. 模框尺寸设计原则

模框大小决定硅胶模具的大小，模框不能太小也不能过大。如果模框太小，模具制作出来后壁厚太薄，分模时容易造成模具损坏而影响模具的使用寿命。如果模框过大，则既浪费硅胶，又会降低硅胶模具的柔性，增加从硅胶模具中取出产品的难度。

模框尺寸的设计原则是：在原型件的最大轮廓上向六个方向分别延伸 20 mm 作为模具的壁厚即模框的尺寸，高度方向应在上下各延伸 20 mm 的基础上，再增加 50 mm，浇注口位置一侧的模框可适当增加 5 ~ 8 mm，如图 2-2-13 所示。支撑原型件的排气孔及浇注

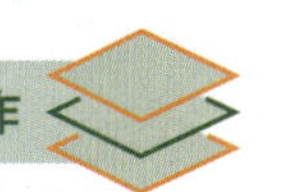

口的 ABS 棒的长度决定了面向底面的模具壁厚，故支撑原型件的排气孔及浇注口的 ABS 棒的长度为 20～30 mm。

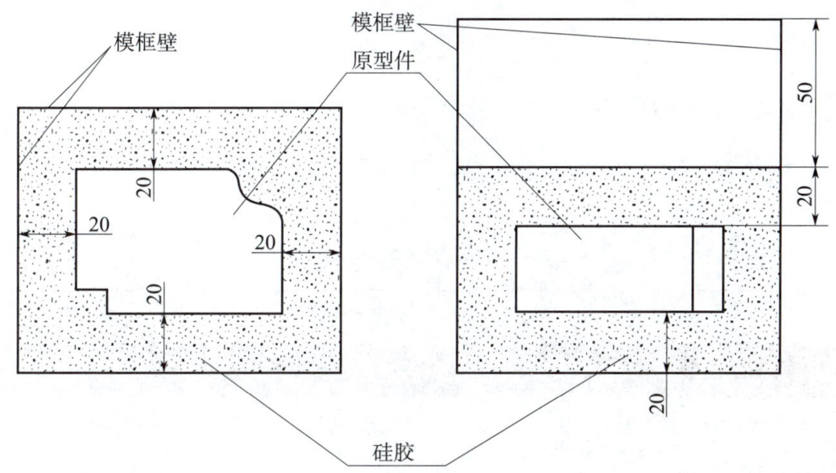

图 2-2-13　模框尺寸的设计原则

任务实施

一、任务准备

1. 车间准备

根据任务要求联系真空复模车间管理员，提前准备相应的设备、工具、材料及防护用品等，见表 2-2-1。

▼ 表 2-2-1　设备、工具、材料及防护用品清单

序号	类别	准备内容
1	设备	空气压缩机等
2	工具	钢锯、压刀、锉刀、台虎钳、水口钳、铲刀、钢直尺、钢直角尺、排气针、毛刷、记号笔、热熔胶枪、气枪、清洁布等
3	材料	无人机底座原型件、502 胶水、胶棒、ABS 棒、亚克力板、木板或铝板、800 目砂纸、酒精等
4	防护用品	工作服、工作帽以及必要的急救药品（如洗眼水、创可贴、碘伏、眼药水）等

2. 分组

根据班级人数分成若干组（一组 4～6 人最佳），并选出一名组长，同组人员对操作、观

察、记录与总结等进行分工，组长负责领取工量具、耗材等。

3. 强化安全文明生产意识

实训前认真学习相关设备安全操作规程，实训时严格执行安全操作规程，强化安全理念，树立安全意识。

二、安全文明生产检查

以小组为单位进行安全自检，并将结果记录在表 2-2-2 中。

表 2-2-2　安全检查表

班级		姓名		学号		日期	年　月　日
自检项目						记录	
检查工作服是否已穿好						是 □　否 □	
检查身上饰物是否已摘掉						是 □　否 □	
检查鞋子是否防滑、防扎、防砸						是 □　否 □	
检查工作帽等佩戴是否正确						是 □　否 □	
检查是否已把长发盘起并放入工作帽内						是 □　否 □	

三、浇注口的设计

操作演示

1. 无人机底座形状如图 2-0-1 所示。为减少浇注口痕迹对塑件外观的影响，浇注口采用直接浇注口，位置应选在内侧平面上，如图 2-2-14 所示。

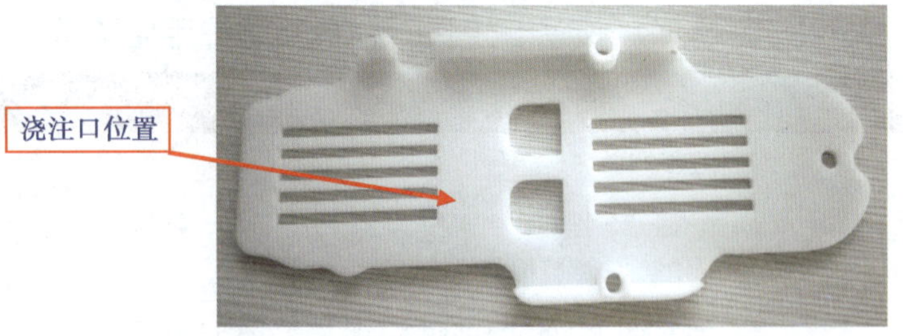

图 2-2-14　浇注口位置

2. 选择浇注口棒直径，用钢锯锯裁长度约 200 mm 的 ABS 棒作为预留浇注口棒，如图 2-2-15 所示。用压刀将浇注口位置刮磨粗糙，以便于粘固预留浇注口棒，如图 2-2-16 所示。再用 502 胶水粘住预留浇注口棒，如图 2-2-17 所示。

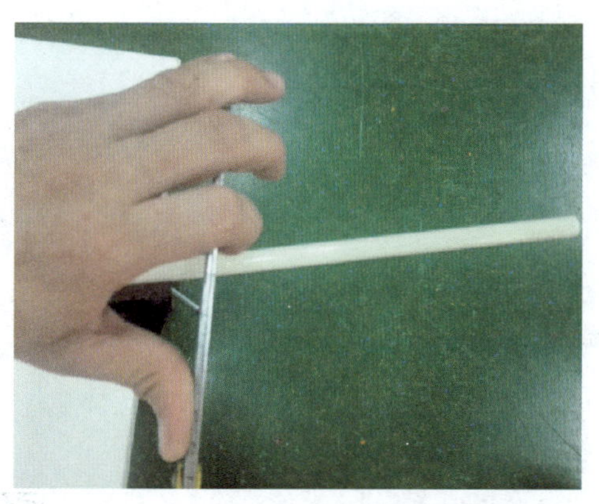
图 2-2-15　加工预留浇注口棒

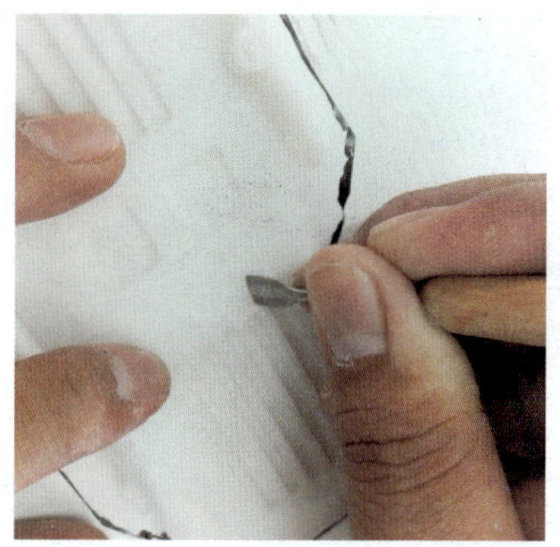
图 2-2-16　刮磨浇注口位置

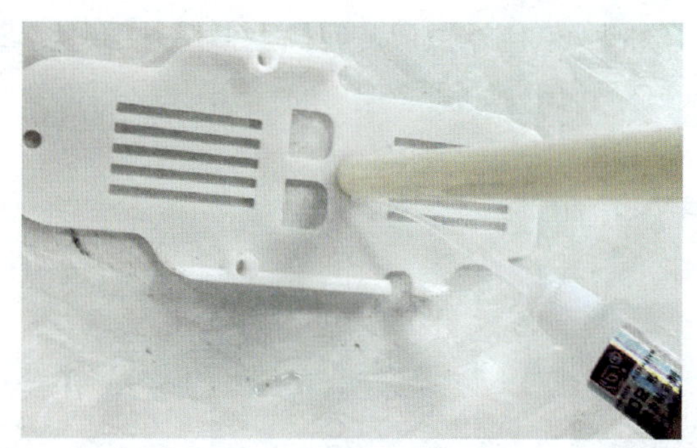
图 2-2-17　粘预留浇注口棒

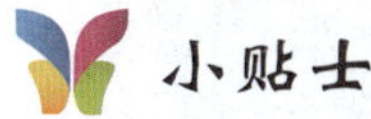
小贴士

（1）用 ABS 棒定位浇注口可以减少后期切割难度，同时可起支撑作用。

（2）对于简单结构的硅胶模具，浇注口可以在开模后直接用主浇道切刀和手术刀切割。

四、排气棒的安装

排气孔又称排气口、排气槽，是在硅胶模具中开设的一种出气孔，用以排出型腔内存在的气体。在制作硅胶模具前，需要先在原型件上粘固排气棒以预留排气孔，一般使用直径为 1.5～2 mm 的 ABS 棒作为排气棒。

1. 根据无人机底座高度，先用水口钳剪裁长度约 32 mm 的 ABS 棒作为预留排气棒，如图 2-2-18 所示。

2. 根据无人机底座形状特点，选择较高位、难排气位作为预留排气孔位置，用 502 胶水粘上排气棒。如图 2-2-19 所示为粘完排气棒的原型件。

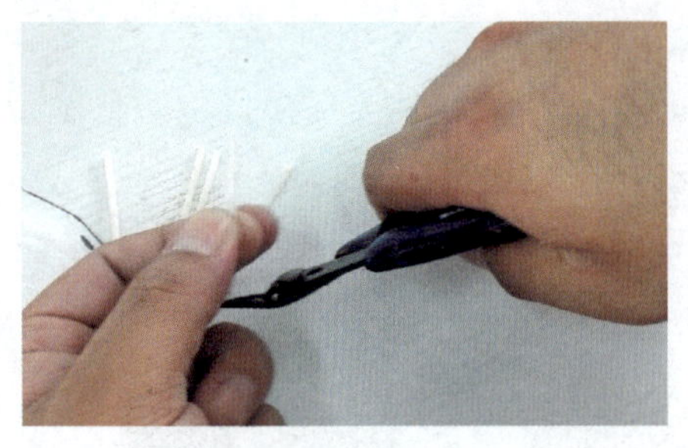
图 2-2-18　剪裁排气棒

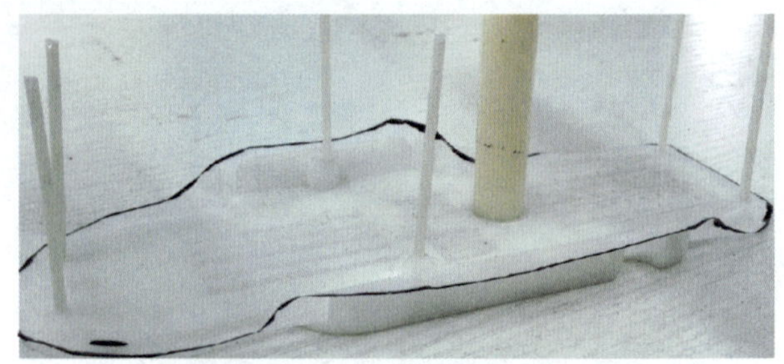
图 2-2-19　粘预留排气棒

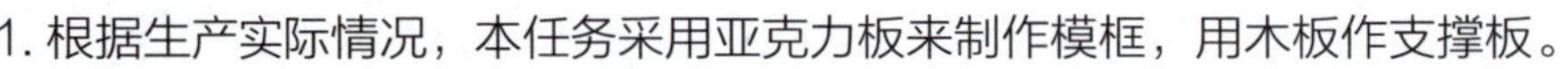

五、设计并加工模框

操作演示

1. 根据生产实际情况，本任务采用亚克力板来制作模框，用木板作支撑板。

2. 根据模框尺寸设计原则，使用钢直尺测量原型件尺寸，并测算出模框大小为 205 mm × 120 mm × 100 mm，如图 2-2-20 所示。

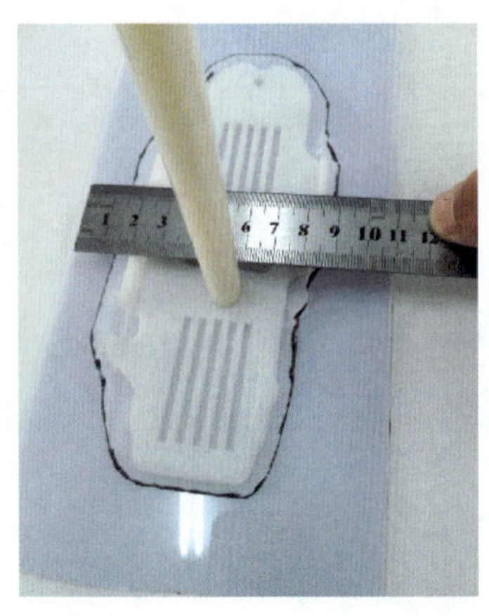
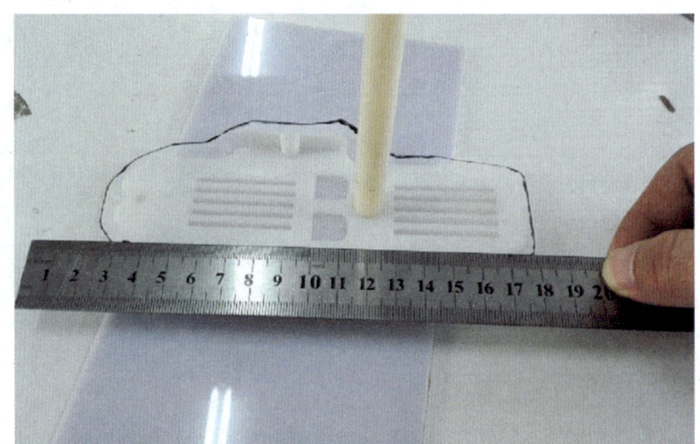
图 2-2-20　测算模框尺寸

3. 根据模框大小选择或加工出合理的模框板，如图 2-2-21 所示为模框板画线，如图 2-2-22 所示为用钢锯锯裁模框板，对于小块模框板可装夹在台虎钳上加工。如图 2-2-23 所示为分别使用锉刀、砂纸打磨模框板，以使模框接口位缝隙尽可能小，方便后面打胶。

小贴士

（1）锯裁模框板时，在模框底板四个方向多预留 5～8 cm，四块模框壁横向多预留 3～4 cm，以便于在模框板之间的接口处打热熔胶，防止硅胶漏出。

（2）模框可以用钢锯加工，也可以用非金属激光切割机加工。

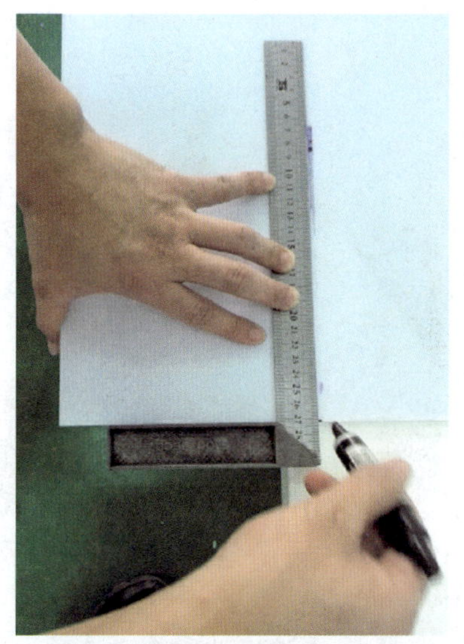

图 2-2-21　模框板画线

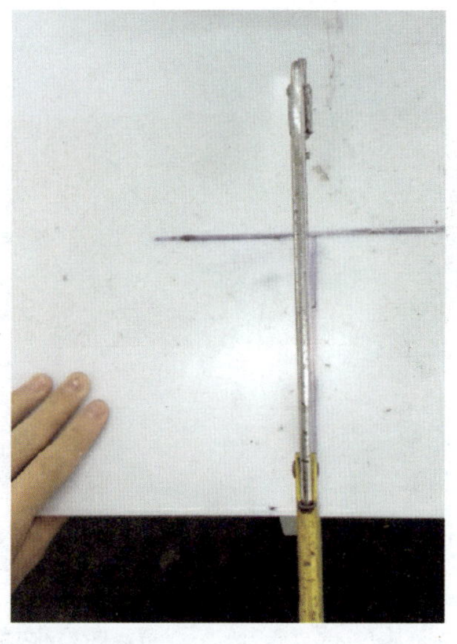

图 2-2-22　锯裁模框板

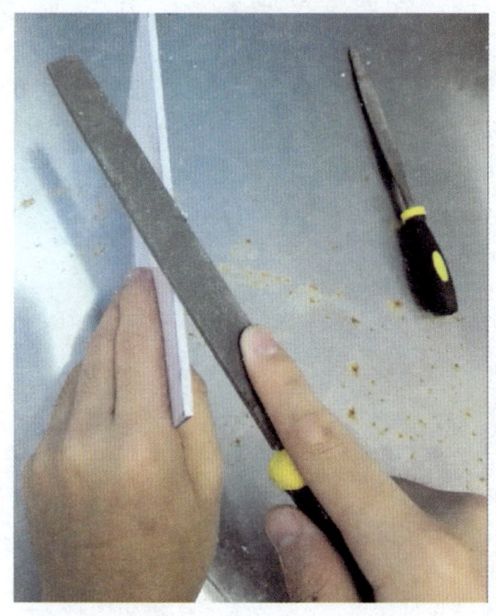

图 2-2-23　打磨模框板

六、固定模框

1. 用钢直角尺定位基准模框板，用 502 胶水预固定位置，如图 2-2-24 所示。再用钢直角尺定位其他三块模框板，用 502 胶水预固定位置，如图 2-2-25 所示。

2. 使用胶枪沿模框外沿给模框板打胶，如图 2-2-26 所示，保证硅胶灌注时不会沿着模框缝隙外漏。如图 2-2-27 所示为制作完成的模框。

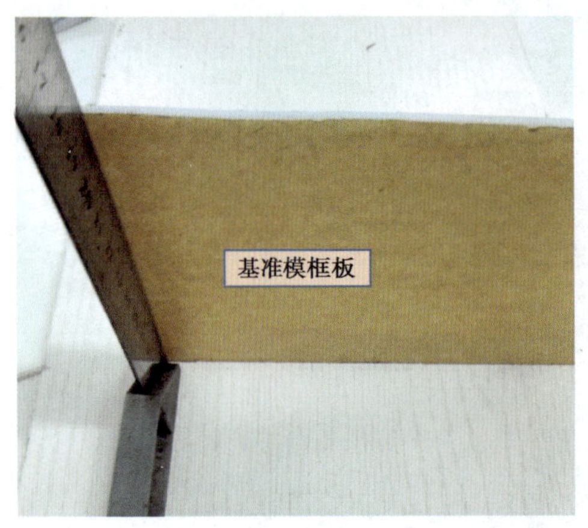

图 2-2-24　预固定基准模框板

图 2-2-25　预固定其他三块模框板

图 2-2-26　给模框板打胶

图 2-2-27　制作完成的模框

小贴士

（1）打胶、涂 502 胶水只能在模框外侧进行。

（2）如果模框板使用时间过长，表面不光滑，可以用胶带贴满模框板，使模框的内壁光滑。模框板表面有硅胶可以使用铲刀清理后再使用。

（3）使用热熔胶枪时要注意防止灼伤。

七、固定原型件

1. 使用清洁布、气枪清洁模框内的胶丝或其他污染模框的杂质，如图 2-2-28 所示。

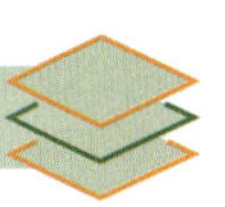

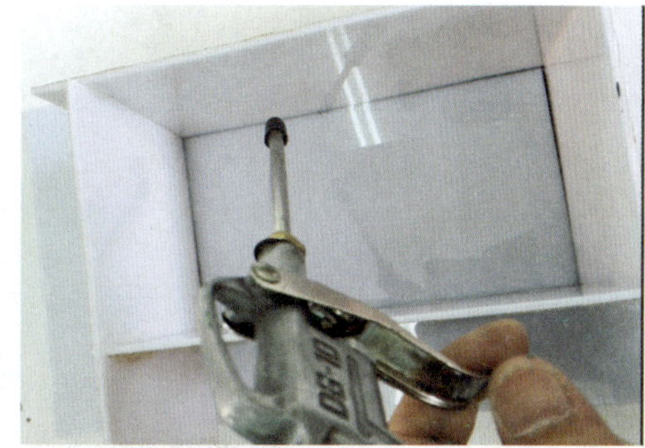

图 2-2-28 清洁模框

2. 在模框底部放置 20 mm 厚的垫片，将原型件预放入模框，确定浇注口棒的放置高度，如图 2-2-29 所示。

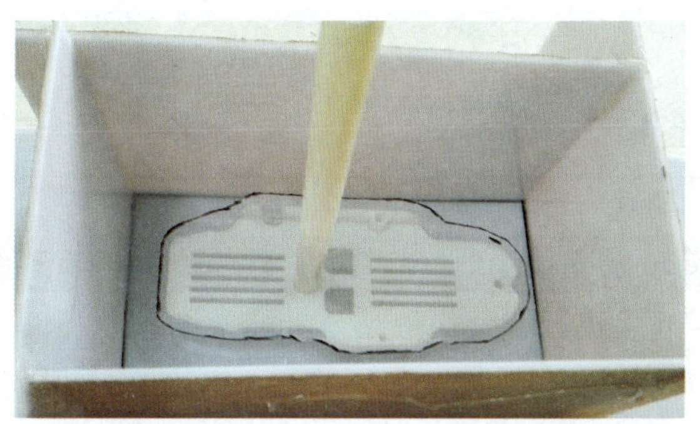

图 2-2-29 确定浇注口棒的放置高度

3. 将垫片取出，用两块胶板作为横梁，使用 502 胶水将浇注口棒与胶板粘牢。确定原型件位置，保证其四侧距离模框为 20 mm 左右，使用 502 胶水将胶板固定在模框板上，如图 2-2-30 所示。如图 2-2-31 所示为制作完成的无人机底座硅胶模具模框。

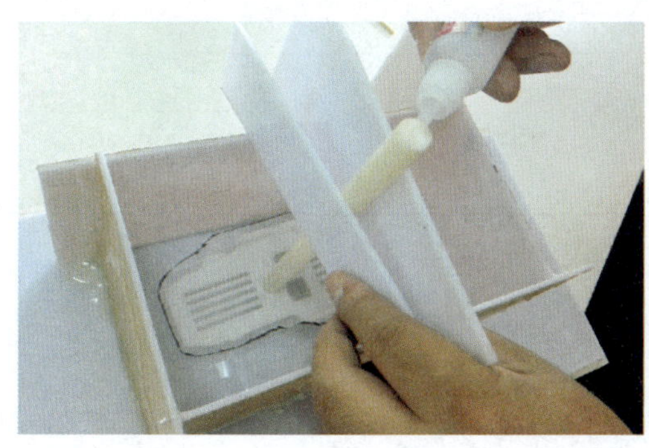
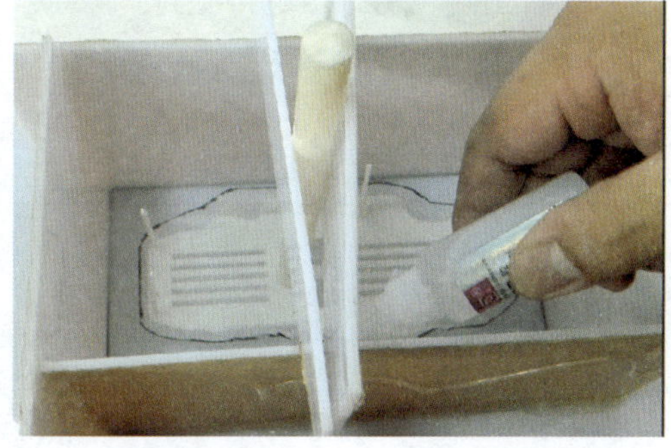

图 2-2-30 固定原型件

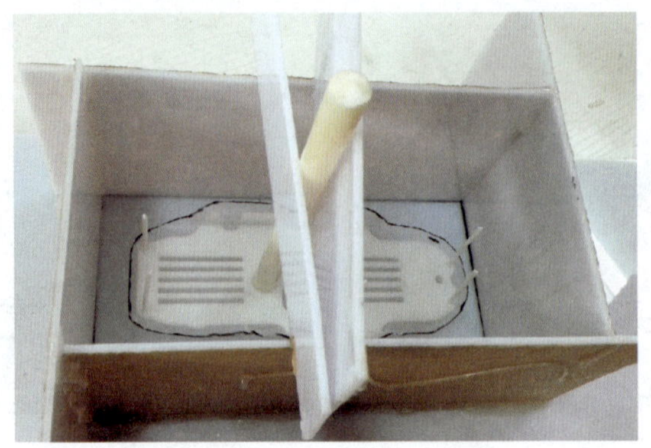

图 2-2-31　无人机底座硅胶模具模框

任务测评

按表 2-2-3 所列评价要点进行任务评价，并将结果填入表中。

▼ 表 2-2-3　任务评价表

班级		姓名		学号		日期	年　月　日
序号	**评价要点**					**配分（分）**	**得分（分）**
1	能设计合理的浇注口					20	
2	能安装排气棒					10	
3	能熟练计算模框尺寸					10	
4	能设计合理的硅胶模具模框					20	
5	能合理摆放并固定原型件					10	
6	安全意识、责任意识强					6	
7	积极参加学习活动，按时完成各项任务					6	
8	团队合作意识强，善于与人交流和沟通					6	
9	自觉遵守劳动纪律，不迟到、不早退，中途不离开实训现场					6	
10	严格遵守“6S”管理要求					6	
小结建议					总计	100	

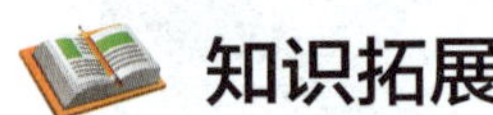

知识拓展

热熔胶枪

热熔胶枪是用热熔胶棒快速粘接产品的一种工具。热熔胶枪可以用于粘接固定木材、塑

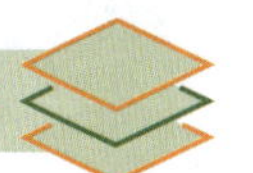

料、金属、玻璃、陶瓷制品、纺织品等，还可以用于包装防振、包装封口等，是工业生产中常用的工具。如图 2-2-32 所示为热熔胶枪的结构。

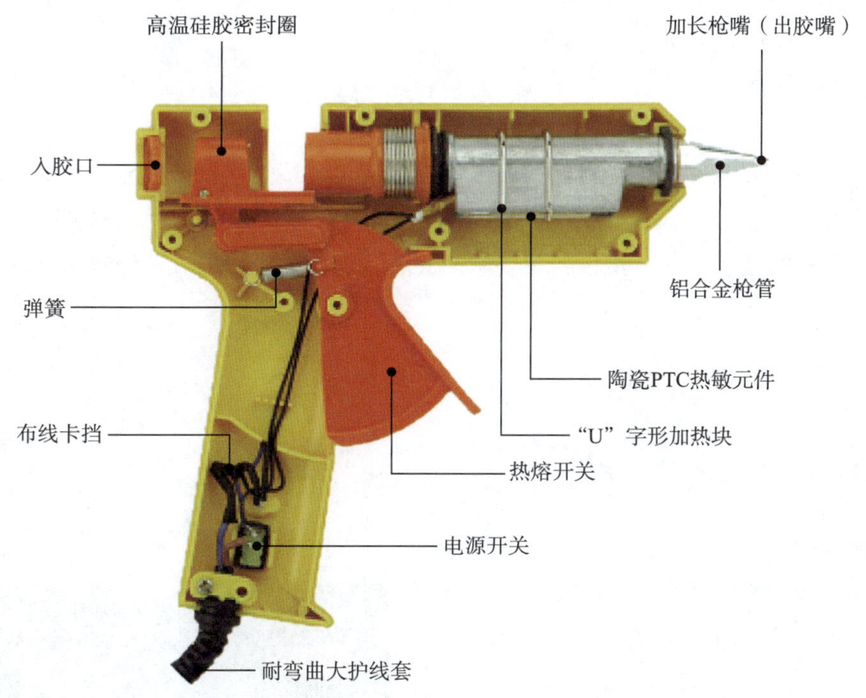

图 2-2-32　热熔胶枪的结构

热熔胶枪有大、小两种规格，一般分别使用直径为 7 mm 和 11 mm 的热熔胶棒，其功率有 12 W、20 W、40 W、60 W、80 W、100 W、120 W 等。功率越大，出胶嘴越大，使用胶棒越粗。

任务 3　无人机底座硅胶模具硅胶脱泡与固化

学习目标

1. 认识硅胶的组成与性能。
2. 能熟练计算和称量硅胶与固化剂。

3. 能熟练操作相应设备搅拌硅胶。
4. 能熟练操作真空注型机进行硅胶脱泡。
5. 能熟练操作恒温鼓风干燥箱固化硅胶模具。

任务引入

硅胶模具是在真空状态下将调配好的液态硅胶浇注到模框中固化而形成。硅胶模具制作需要先计算和称量硅胶与固化剂的使用量，再将其混合、搅拌、脱泡后浇注到模框中，然后放到恒温鼓风干燥箱中固化。本任务主要学习硅胶浇注与固化相关知识与操作技能。

相关知识

一、模具硅胶简介

1. 模具硅胶的组成

模具硅胶是一种室温硫化液体胶，具有流动性好、硫化快、安全环保等特点，一般由基胶、交联剂、固化剂、填料与添加剂五个组分构成，通常基胶、交联剂、添加剂和填料被制成一个组分（主胶），而固化剂作为一个单独组分，故模具硅胶又被称为双组分硫化硅胶，如图 2-3-1 所示。

图 2-3-1　模具硅胶

模具硅胶在使用前是一种糊状流动性半透明或不透明液体，在主胶组分中加入适量（1%～5%）的固化剂，充分搅拌后，两组化合物即可在室温下产生交联反应，形成有柔韧度、有弹性的胶体，在 2～6 h 内固化成有弹性的固体，这是一个不可逆的过程。

2. 模具硅胶的分类与应用

模具硅胶按硫化原理不同分为双组分缩合型室温硫化硅胶和双组分加成型室温硫化硅胶。

（1）双组分缩合型室温硫化硅胶

双组分缩合型室温硫化硅胶是以硅羟基与其他活性物质之间的缩合反应（两个或多个有机分子相互作用后以共价键结合成一个大分子，同时失去水或其他比较简单的无机或有机小分子的反应）为特征，于室温下即可交联成为有弹性的硅胶。其硫化时间主要取决于催化剂

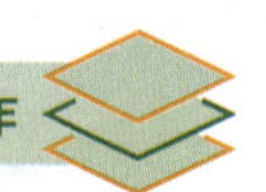

的类型、用量以及温度。催化剂越多，硫化越快，同时搁置时间越短。其组分比例富于变化，一个品种可以得到多种规格性能的硫化制品，而且还能深度硫化，因而被广泛用作软模材料，大量应用于文物、工艺品、玩具、电子产品、机械零件等的复制与制造。

（2）双组分加成型室温硫化硅胶

双组分加成型室温硫化硅胶是以具有乙烯基的线性聚硅氧烷为基础胶，以含氢硅氧烷为交联剂，在固化剂存在下于室温至中温下发生交联反应（两个或者更多的分子相互键合交联成网络结构的较稳定分子的反应）而成为弹性体，其硫化时间主要取决于温度。它具有良好的耐热性、防水性、电绝缘性，同时由于活性端基的引入，使其具有优异的力学性能，尤其是在抗拉强度、相对伸长率和抗撕裂强度上有明显的提高。它适用于多种硫化方法，如辐射硫化、过氧化物硫化及加成型硫化，广泛应用于耐热、防潮、电绝缘、高强度硅胶制品等方面。

3. 模具硅胶的特性要求

（1）具有较短的固化时间。

（2）具有较高的强度和硬度，做出来的硅胶模具不易损坏。

（3）具有较好的抗撕裂性能，做出来的硅胶模具不易变形。

（4）收缩率低，交联过程中不会放出低分子化合物，复制出来的产品精度高。

（5）具有良好的流动性、易灌注。

（6）具有优良的耐化学腐蚀性、耐高温性，不会与酸碱发生反应。

4. 模具硅胶的安全性能

硅胶的主要成分是二氧化硅，其化学性质稳定，无毒。硅胶有很强的吸附能力，会对人的皮肤产生干燥作用。若硅胶进入眼中，需用大量水冲洗，并尽快找医生治疗。蓝色硅胶由于含有少量的氯化钴而有毒，应避免与食品接触和吸入口中，如果发生中毒事件应立即找医生治疗。

二、模具硅胶的性能参数

模具硅胶的性能参数主要有：A、B 组分的质量比，颜色，黏度，密度，硬度，硫化时间与温度关系，伸长率，抗撕裂强度，收缩率等。不同的型号，各组分的混合比例不同，浇注时的工艺参数也不同。表 2-3-1 中是 T4 硅胶的主要性能参数。

▼ 表 2-3-1　T4 硅胶的主要性能参数

性能参数		参数值
颜色	A 组分	透明
	B 组分	透明
A、B 组分的质量比		100：10
混合黏度		35 Pa · s

续表

性能参数		参数值
可操作时间（25 ℃时）		25 min
硫化时间	25 ℃时	12 h
	70 ℃时	1.5 h
密度		1.1 g/mL
闪点		>150 ℃
硬度		40 HA
伸长率		300%
抗拉强度		6.69 MPa
抗撕裂强度		2.63 kN/m
收缩率		<0.1%

三、模具硅胶的选用原则

1. 选用优质硅胶

有的厂家为降低成本，在生产有机硅的过程中添加了廉价的硅油（白矿油），该成分会破坏硅胶分子量从而使硅胶的抗拉强度和抗撕裂强度下降，所以也会严重影响到模具的质量和使用寿命。

2. 根据花纹精细程度来选择合适硬度的硅胶

（1）花纹简单的产品容易脱模，应选择硬度大的模具硅胶，以延长使用寿命。

（2）对于花纹精细的产品，为保护产品和方便脱模应选择硬度小的模具硅胶。

3. 根据产品的尺寸来选择合适硬度的硅胶

（1）小件产品宜选择硬度小的硅胶。因为硅胶过硬很容易损坏产品细小的花纹或零部件，这样会造成模具报废或不耐用。

（2）大件产品宜选择硬度大的硅胶，要是选用硬度小的硅胶，由于硅胶太软，它的抗拉强度和抗撕裂强度会降低，做出来的模具会变形，使用寿命会缩短。

四、硅胶质量计算

硅胶的用量根据硅胶模具的设计体积计算，其用量的计算公式是：

$$m=KV\rho$$

式中，m——硅胶质量，g；

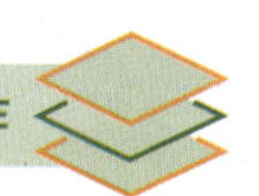

K——损耗系数，一般取 1.1～1.3；

V——硅胶体积，mL；

ρ——硅胶密度，g/mL。

通过测量硅胶模具的长、宽、高计算体积，并查阅硅胶密度，即可算出需要的硅胶量。

五、硅胶的搅拌脱泡

硅胶搅拌脱泡常用的方法有以下三种。

1. 小于真空注型机最大搅拌量的硅胶搅拌脱泡

小于真空注型机最大搅拌量的情况下，可将硅胶按照用量盛放于搅拌容器内并配上相应的固化剂，边抽真空边搅拌，这样一般用 3～5 min 就可以完成硅胶搅拌工作。

2. 大于真空注型机最大搅拌量的硅胶搅拌脱泡

当所需硅胶量大于真空注型机最大搅拌量时，可将硅胶用其他容器分装（如硅胶桶、盆等），但分装的量不能超过容器体积的 1/3，配好固化剂后在真空室外利用其他搅拌工具（如图 2-3-2 所示的搅拌器）进行搅拌，待搅拌 5～10 min 后，再放置到真空室中脱气泡 5～8 min。

3. 使用专用硅胶搅拌脱泡设备脱泡

当硅胶的使用量比较大时，可以使用专用搅拌脱泡设备，如图 2-3-3 所示的真空混合脱泡机。

图 2-3-2　搅拌器

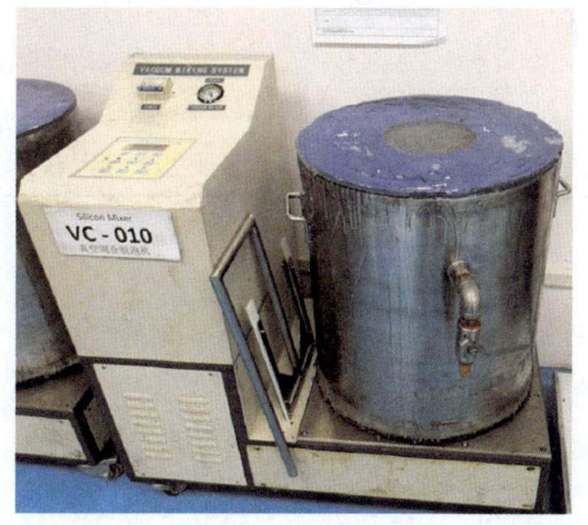

图 2-3-3　真空混合脱泡机

六、硅胶模具固化方法

硅胶模具固化有两种方法：室温固化或者使用恒温鼓风干燥箱加热固化。

1. 室温固化

将灌注好的硅胶模具放在室温（25 ℃左右）环境中，静置 24 h 以上，完成模具固化。

2. 恒温鼓风干燥箱加热固化

将脱泡完成的硅胶模具放入恒温鼓风干燥箱中，按硅胶相关参数设置时间和温度进行烘烤，以提高硅胶固化的速度。一般将恒温鼓风干燥箱温度设为 40～60 ℃，时间为 6～10 h。

任务实施

一、任务准备

1. 车间准备

根据任务要求联系真空复模车间管理员，提前准备相应的设备、工具、材料及防护用品等，见表 2-3-2。

▼ 表 2-3-2　设备、工具、材料及防护用品清单

序号	类别	准备内容
1	设备	真空注型机、恒温鼓风干燥箱、电子秤等
2	工具	料杯或料盆、清洁布等
3	材料	无人机底座模框、硅胶、502 胶水、酒精等
4	防护用品	工作服、防护手套、护目镜、防护口罩、工作帽以及必要的急救药品（如洗眼水、创可贴、碘伏、眼药水）等

2. 分组

根据班级人数分成若干组（一组 4～6 人最佳），并选出一名组长，同组人员对操作、观察、记录与总结等进行分工，组长负责领取工量具、耗材等。

3. 强化安全文明生产意识

实训前认真学习相关设备安全操作规程，实训时严格执行安全操作规程，强化安全理念，树立安全意识。

二、安全文明生产检查

以小组为单位进行安全自检，并将结果记录在表 2-3-3 中。

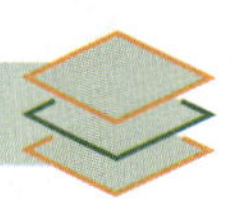

▼ 表 2-3-3 安全检查表

班级		姓名		学号		日期	年 月 日
自检项目						记录	
检查工作服是否已穿好						是 □ 否 □	
检查身上饰物是否已摘掉						是 □ 否 □	
检查鞋子是否防滑、防扎、防砸						是 □ 否 □	
检查工作帽、护目镜、防护手套、防护口罩等佩戴是否正确						是 □ 否 □	
检查是否已把长发盘起并放入工作帽内						是 □ 否 □	

三、确定硅胶

为后期开模方便，尽可能选用透明度高的硅胶，常用的硅胶有美国的 T4、日本的 1201、中国的 107 等品牌。本次任务选用美国的 T4 硅胶（又称道康宁 T4），其主要性能参数见表 2-3-1。

四、计算硅胶体积和用量

1. 计算硅胶体积

使用钢直尺测量本项目任务 2 中制作的无人机底座硅胶模具的模框尺寸为 205 mm × 120 mm × 100 mm，硅胶模具尺寸为 205 mm × 120 mm × 52 mm，则硅胶体积为

$$V=205\ \text{mm}\times 120\ \text{mm}\times 52\ \text{mm}\approx 1\,280\ \text{mL}$$

2. 计算硅胶 A、B 组分的用量

经查表 2-3-1 可得硅胶密度 ρ=1.1 g/mL。

根据硅胶用量的计算公式可得

$$m=KV\rho=1.2\times 1\,280\ \text{mL}\times 1.1\ \text{g/mL}\approx 1\,690\ \text{g}$$

即所需硅胶质量为 1 690 g。

查表 2-3-1 可得 A、B 组分的混合质量比为 100 : 10，所以

$$m_A+m_B=1\,690\ \text{g}$$

$$m_A/m_B=100/10$$

经计算可得

$$m_A=1\,540\ \text{g},\ m_B=154\ \text{g}$$

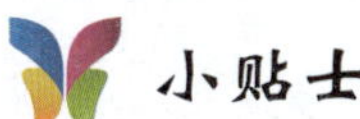

（1）硅胶的质量 $m=KV\rho$，当 m 出现小数时，数值须向上取整。

（2）为方便计算，数值可向上取整，但主胶和固化剂数值必须成比例。

五、称量与搅拌硅胶

操作演示

1. 分别称量硅胶主胶、固化剂质量，如图 2-3-4 所示。

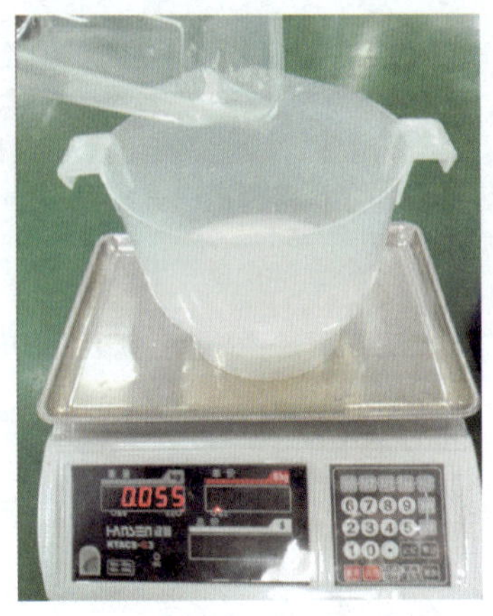
图 2-3-4 称量硅胶量

小贴士

（1）注意所用料杯的容量应大于硅胶量 1/3 以上。

（2）称量过程中必须正确佩戴手套和防护口罩。

2. 将调配好的硅胶混合搅拌后放入真空注型机内进行第一次脱泡，脱泡时间为 8 ~ 10 min，如图 2-3-5 所示。脱泡时，真空注型机内的负压会很快达到最大值，如图 2-3-6 所示。当硅胶能膨胀到一个最高点并自行下落时，按下点动排气按钮卸压，然后取出硅胶，到此完成第一次脱泡。

图 2-3-5 抽真空脱泡

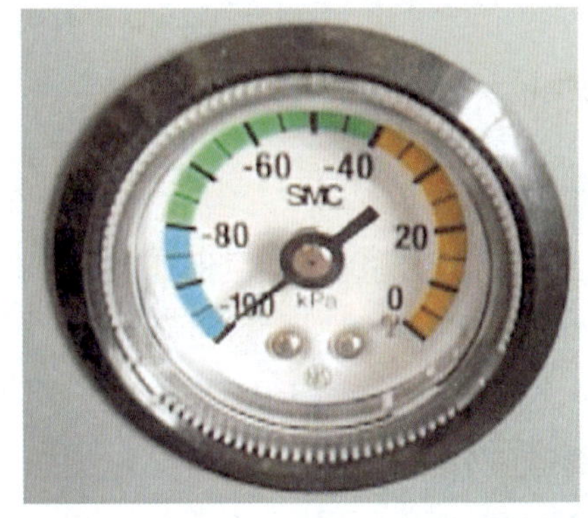

图 2-3-6 抽真空到最大值

小贴士

（1）硅胶在脱泡过程中体积会膨胀，当体积膨胀到快溢出容器时，可以轻点操作面板上的点动排气按钮卸压，让硅胶收缩，防止硅胶溢出。

（2）硅胶主胶与固化剂一定要搅拌均匀，如果没有搅拌均匀，硅胶会出现干燥、固化不均匀的状况，影响硅胶模具的使用寿命及翻模次数，甚至造成模具报废。

（3）抽真空的时间不宜过长，具体可参考硅胶可操作时间参数。抽真空时间过长，硅胶会马上固化，产生交联反应，使硅胶变成一块一块的，无法进行浇注。

六、灌注硅胶

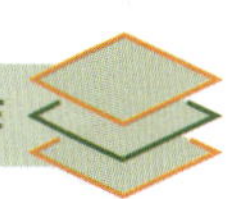
操作演示

将完成第一次脱泡的硅胶，从原型件四周间隔大的位置均匀倒入模框，注意不要正对原型件浇注，以防原型件脱落或移位。要注意控制倒硅胶速度，防止硅胶流速过快导致原型件、排气棒脱落或移位。待硅胶快漫过原型件时，再往原型件上倒硅胶，直到硅胶倒完。硅胶倒完后应漫过原型件整体 20～30 mm，如图 2-3-7 所示。

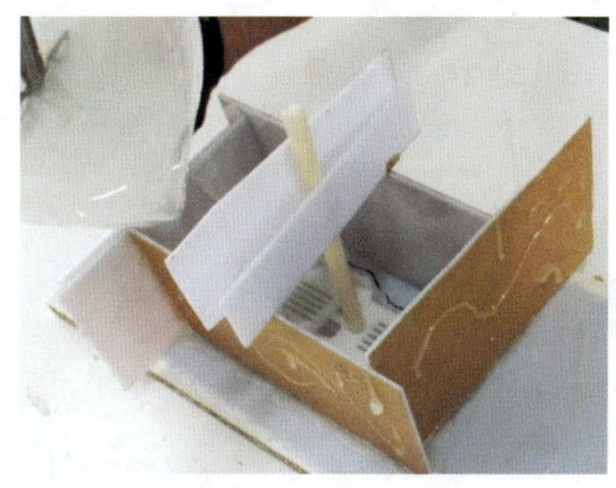

图 2-3-7　灌注硅胶

七、硅胶二次脱泡

把模框放进真空注型机内对硅胶进行第二次脱泡，如图 2-3-8 所示。观察硅胶内不再冒泡即完成第二次脱泡并取出模具。第二次脱泡时间为 10～15 min。

八、模具固化

脱泡后的硅胶模具仍然为液体，需要对其进行固化处理。将模框水平放置在恒温鼓风干燥箱内，打开恒温鼓风干燥箱电源，将温度设为 45 ℃，烘烤时间设为 8～10 h，如图 2-3-9 所示。完成烘烤后取出已固化的硅胶模具。

图 2-3-8　硅胶第二次脱泡

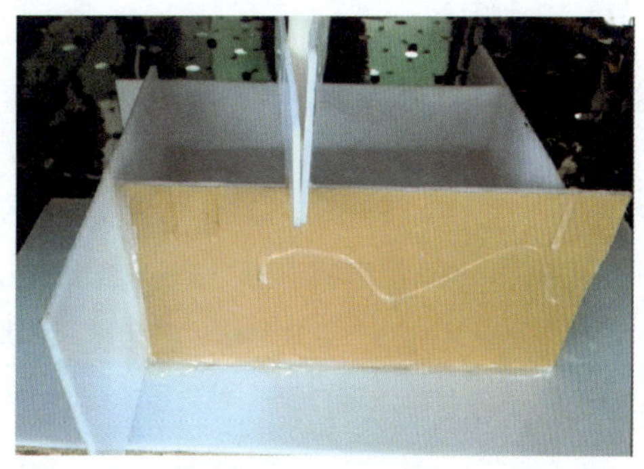

图 2-3-9　烘烤模具

小贴士

经过一定时间的固化，硅胶的硬度会有很大变化。固化完全的硅胶，用手触摸、按压时没有粘手的现象，如图 2–3–10 所示。

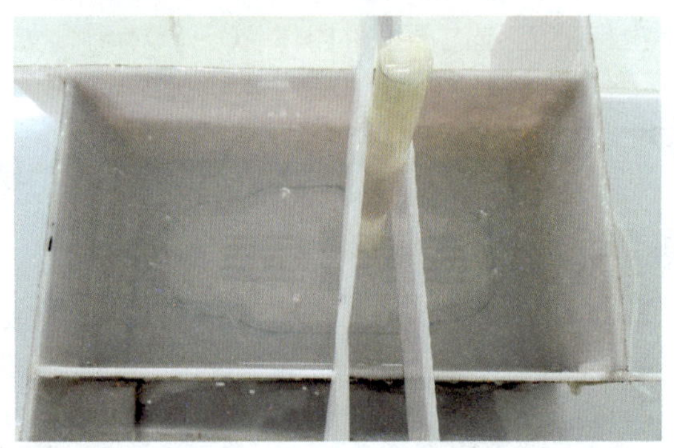

图 2–3–10　固化后的硅胶模具不粘手

任务测评

按表 2–3–4 所列评价要点进行任务评价，并将结果填入表中。

▼ 表 2–3–4　任务评价表

班级		姓名		学号		日期	年　月　日
序号	**评价要点**					**配分（分）**	**得分（分）**
1	了解硅胶的基本知识					10	
2	能根据要求选用合适的硅胶					10	
3	能熟练搅拌硅胶					10	
4	能熟练计算模具需要的硅胶量					20	
5	能熟练操作真空注型机对硅胶进行脱泡					10	
6	能熟练灌注硅胶，并使用设备固化模具					10	
7	安全意识、责任意识强					6	
8	积极参加学习活动，按时完成各项任务					6	
9	团队合作意识强，善于与人交流和沟通					6	
10	自觉遵守劳动纪律，不迟到、不早退，中途不离开实训现场					6	
11	严格遵守“6S”管理要求					6	
小结建议					总计	100	

任务4　无人机底座硅胶模具制作

学习目标

1. 能正确选择并使用合适的工具开模。
2. 熟练掌握开模的方法和注意事项。
3. 熟练掌握排气孔的设计原则。
4. 能合理加工排气孔。

任务引入

通过前面一系列工作，得到了固化后的无人机底座硅胶模具，但还不能用于真空浇注生产无人机底座，需要对其进行后期制作。本任务主要完成无人机底座硅胶模具的后期制作，即将固化的硅胶模具沿分型面切开取出原型件，并加工好排气孔。如图2-4-1所示为已完成制作的无人机底座硅胶模具。

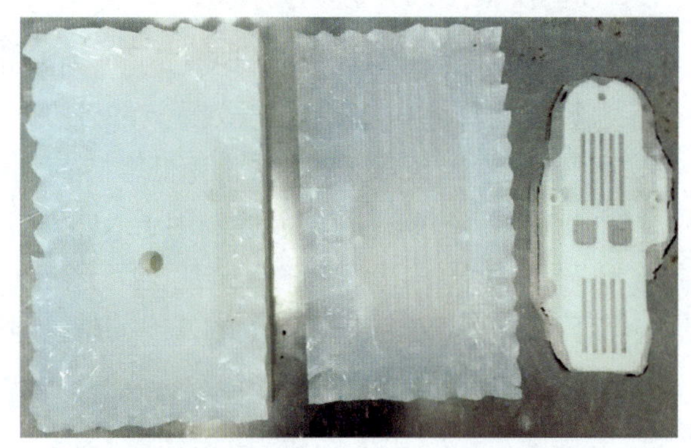

图2-4-1　无人机底座硅胶模具

相关知识

一、硅胶模具排气孔

1. 排气孔的定义

如前所述，排气孔是在硅胶模具中开设的一种出气孔，用以排出型腔内存在的气体。因为硅胶模具型腔结构复杂或其他原因，真空注型机未能将已闭合的硅胶模具型腔完全抽真空时，排气孔可以使硅胶模具型腔内存在的气体在浇注树脂时自行排出。排气孔可以是一个也可以有多个，但并不是所有硅胶模具都必须开排气孔。

2. 排气形式

常见的排气形式有直排气孔排气、排气槽排气和分型面排气三种。

（1）直排气孔排气是指将排气孔直接开在型腔上，利用这些直排气孔排气。在制作模框时，用来支撑原型件的排气棒在模具上留下的孔，就是很好的直排气孔。

（2）在型腔的边缘开小槽，再在小槽上开排气孔排气，这种形式属于排气槽排气。

（3）对于小型模具可利用分型面排气，但分型面应位于浇注材料熔体流动的末端。

3. 排气孔的设计原则

为了更好地排出型腔内的气体，设计排气孔时应遵循以下原则。

（1）排气孔通常设在浇注口相对侧，相对于浇注口最远的位置。

（2）排气孔通常设在浇注材料流动的最高点以及局部最高点，有利于赶尽空气、减少浇注材料流失。

（3）排气口的位置通常设在浇注材料最后填满的位置或浇注材料较难到达的位置。

（4）如果模具上有相对封闭的区域，如深孔、凹槽、拐角及凹凸的死角等排气不畅的区域，需要设置排气孔。

（5）排气孔不能过大，其孔径要比浇注口小，一般为 2 mm。

二、硅胶硬度及选用原则

硅胶的硬度范围为 0～60 HA，不同产品应选择不同硬度的硅胶。

1. 硬度为 0 HA 的硅胶是一款超软的硅胶，颜色为半透明，具有电性能和化学稳定性优良、耐气候老化、无毒无味、收缩率低等特点，多用于人体外形、胸贴、仿真人体面等。

2. 硬度为 5～10 HA 的硅胶多用于人体假肢、花纹细腻且柔软的肥皂工艺品等。

3. 硬度为 10～25 HA 的硅胶建议用于花纹非常精细的产品复模，这种硅胶脱模比较容易，而且不会损坏硅胶模具里面的产品，可以用于蛋糕模具、巧克力模具、蜡烛模具、各种工艺品产品模具等。

4. 硬度为 25～40 HA 的硅胶多用于水泥、混凝土、文化石、快速成型等模具的制作。

5. 硬度为 40～60 HA 的高硬度硅胶一般为皮革压花硅胶，主要用于模具制作、皮革花纹复制、皮革花纹压制等。

任务实施

一、任务准备

1. 车间准备

根据任务要求联系真空复模车间管理员，提前准备相应的设备、工具、材料及防护用品等，见表 2-4-1。

▼ 表 2-4-1　设备、工具、材料及防护用品清单

序号	类别	准备内容
1	设备	空气压缩机等
2	工具	手术刀、清洁布、气枪、记号笔、手电筒、开模钳、尖嘴钳、大力钳、排气针筒等
3	材料	酒精等
4	防护用品	工作服、工作帽、防尘口罩以及必要的急救药品（如洗眼水、创可贴、碘伏、眼药水）等

2. 分组

根据班级人数分成若干组（一组 4～6 人最佳），并选出一名组长，同组人员对操作、观察、记录与总结等进行分工，组长负责领取工量具、耗材等。

3. 强化安全文明生产意识

实训前认真学习相关设备安全操作规程，实训时严格执行安全操作规程，强化安全理念，树立安全意识。

二、安全文明生产检查

以小组为单位进行安全自检，并将结果记录在表 2-4-2 中。

▼ 表 2-4-2　安全检查表

班级		姓名		学号		日期	年　月　日
自检项目						记录	
检查工作服是否已穿好						是 □　否 □	
检查身上饰物是否已摘掉						是 □　否 □	
检查鞋子是否防滑、防扎、防砸						是 □　否 □	
检查工作帽、护目镜、防护手套、防尘口罩等佩戴是否正确						是 □　否 □	
检查是否已把长发盘起并放入工作帽内						是 □　否 □	

三、开模前处理

1. 拆除模框

操作演示

用力撕开模框板与硅胶模具，取出固化的模具，如图 2-4-2 所示。注意：不可用力过猛，以防止模框板折断而造成碎片伤人。

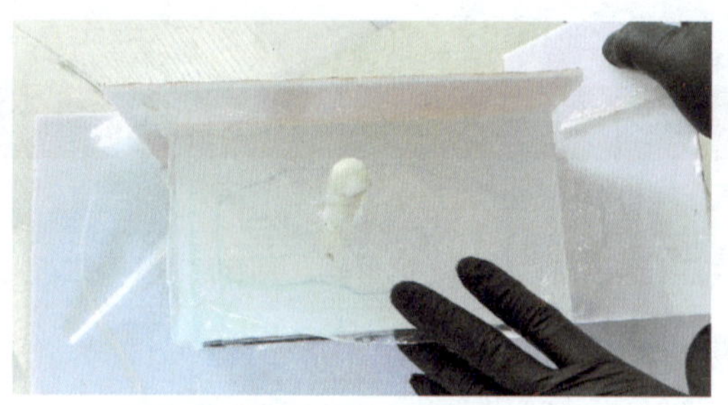

图 2-4-2　拆除模框

2. 清理硅胶模具的飞边

硅胶在浇注时，由于模框板之间有间隙，硅胶会溢出而形成不规则飞边，因此需要用手术刀将其清理干净。如图 2-4-3 所示为带有飞边的硅胶模具，图 2-4-4 所示为清理硅胶模具的飞边。

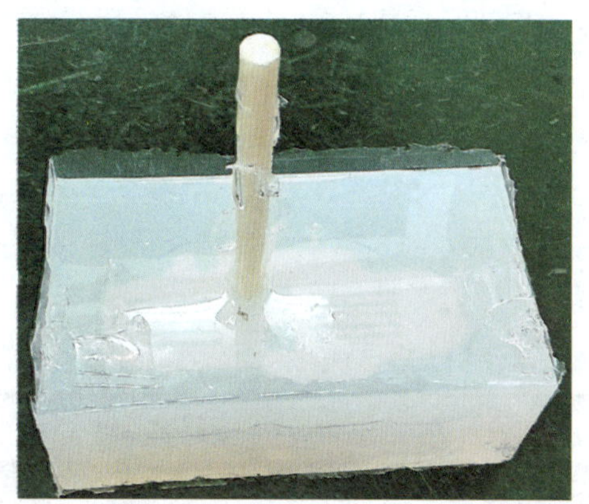

图 2-4-3　带有飞边的硅胶模具

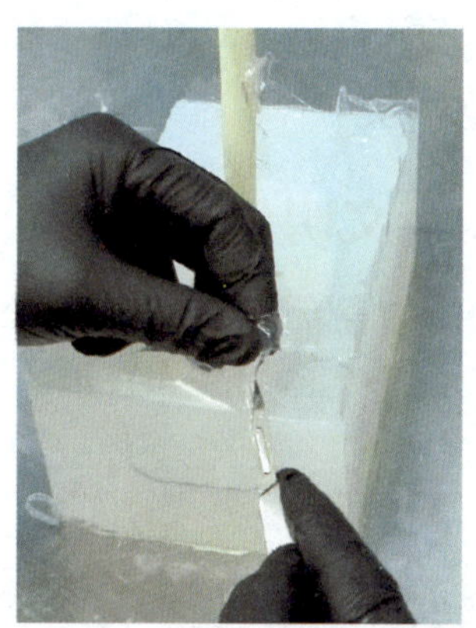

图 2-4-4　清理飞边

3. 清洁模具

使用清洁布和气枪清洁模具，如图 2-4-5 所示。

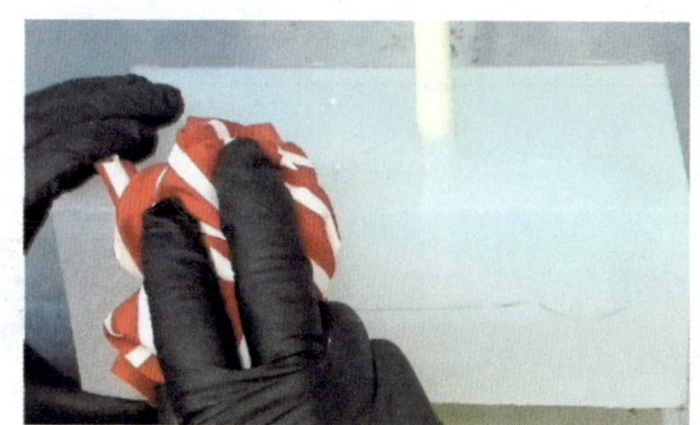

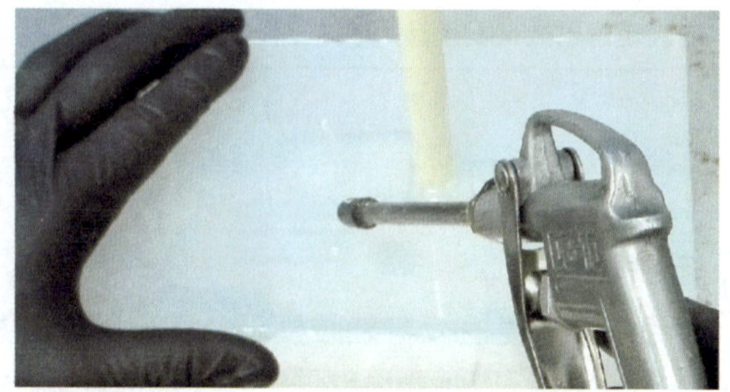

图 2-4-5　清洁模具

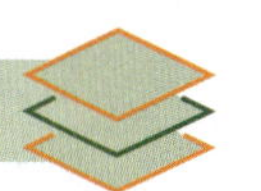

4. 标记分型线

用记号笔画出分型线大致位置，以便开模时快速找到分模边胶带，如图 2-4-6 所示。

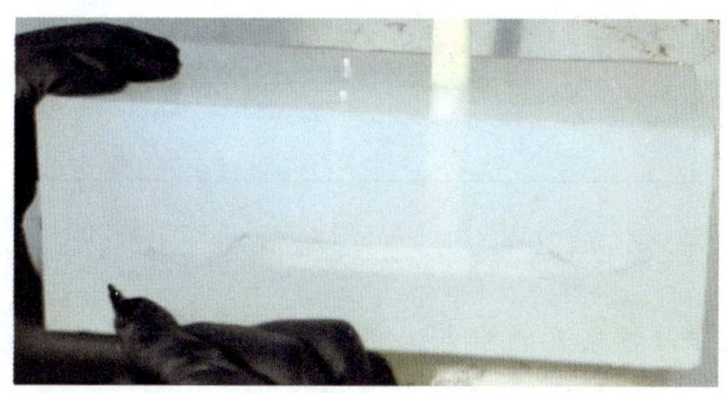

图 2-4-6　标记分型线位置

小贴士

如果使用的硅胶透明度不高，可以用手电筒照射硅胶模具，快速找到分型线。

四、开模取原型件

1. 用手术刀沿分型线切出齿状（W 或 M 状）分型面，如图 2-4-7 所示，切口深度约为 5 mm。如图 2-4-8 所示为已切出的齿状开口。注意：手术刀非常锋利，操作时要注意安全。

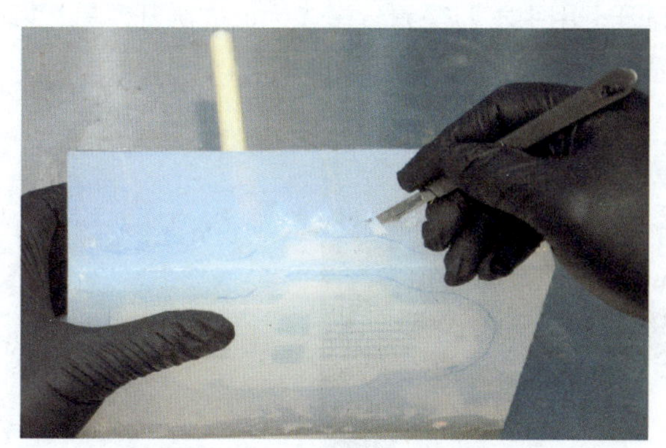

图 2-4-7　用手术刀开模

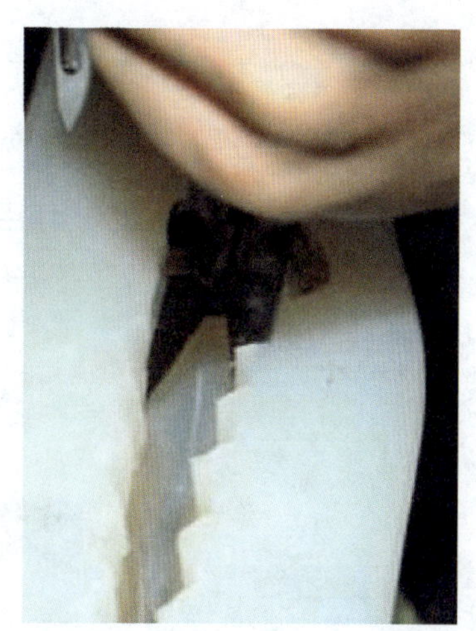

图 2-4-8　切出齿状开口

小贴士

（1）开模切割的要领是刀尖走直线、刀尾走曲线、刀把摆动，使分型面形成不规则形状，以便合模时能准确定位，如图 2-4-9 所示。

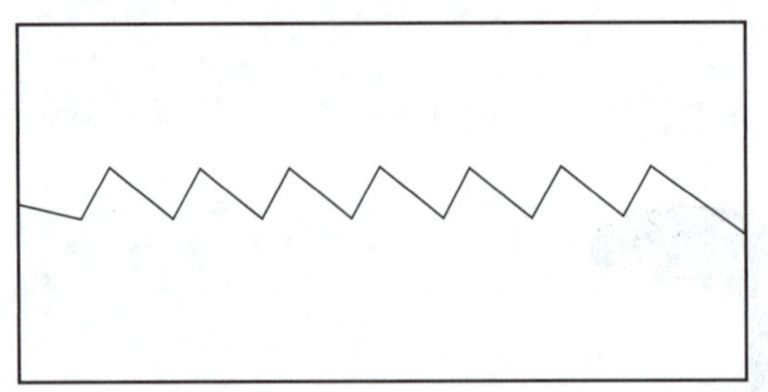

图 2-4-9　切割路线示意图

（2）切割模具是制作硅胶模具的难点，也是关键点。开模时握模具的手应在开面下方，图 2-4-10 所示是正确握法，图 2-4-11 所示是错误握法。

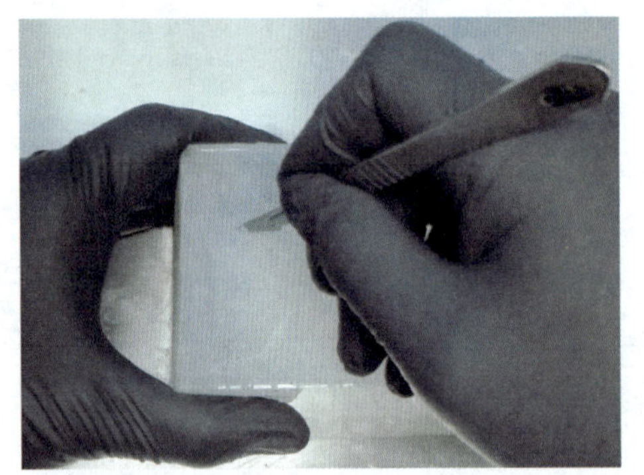

图 2-4-10　正确开模手势

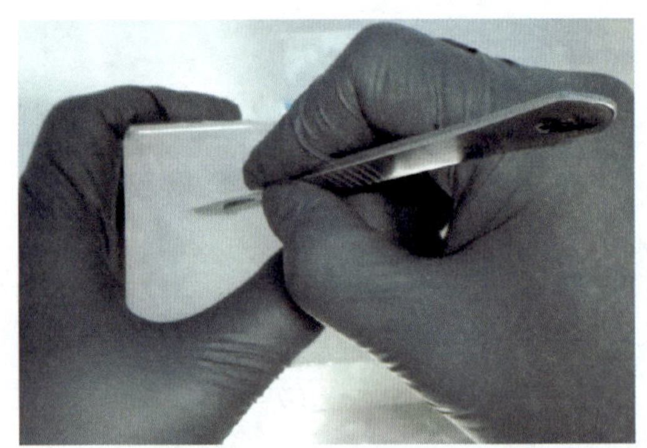

图 2-4-11　错误开模手势

2. 切出齿状开口后，用开模钳将开口撑开，用手术刀循着分模边标记线切开模具，如图 2-4-12 所示。设定分模边的作用在于保证靠近原型件的分型面平整规则。

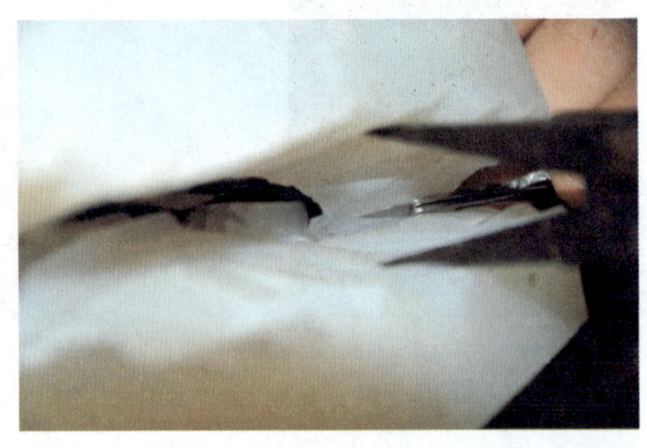

图 2-4-12　在开口深处沿分模边切开

3. 取出原型件时，先用气枪对着原型件四周吹气，再用气枪对着浇注口棒位置、排气棒位置吹气，如图 2-4-13 所示，使其与硅胶模具分离，减少取件阻力。

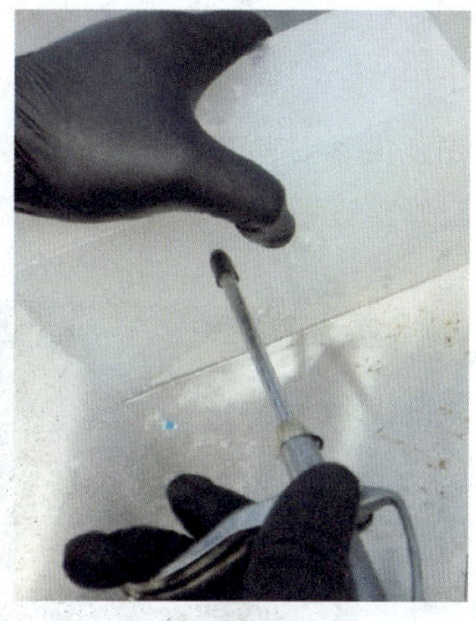

图 2-4-13　用气枪向无人机底座硅胶模具吹气

4. 取出原型件时一定要小心，先用气枪吹松螺钉位置硅胶，如图 2-4-14a 所示，再慢慢取出，以免损坏模具和原型件（见图 2-4-14b）。如图 2-4-15 所示为分离后的硅胶模具和原型件。

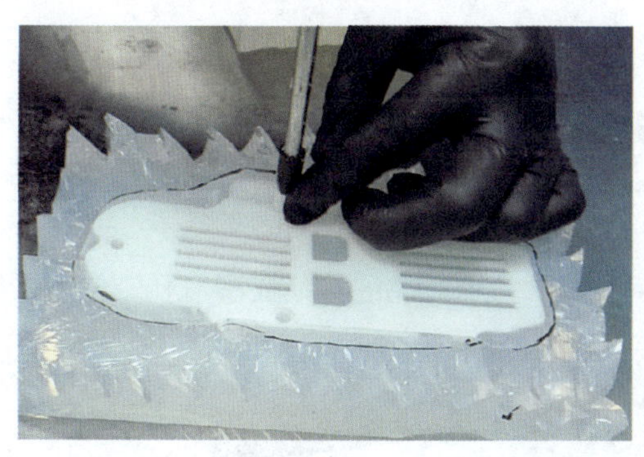

a）

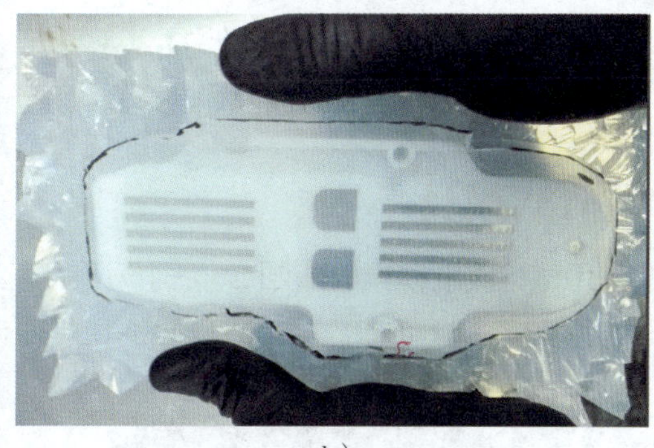

b）

图 2-4-14　取出原型件

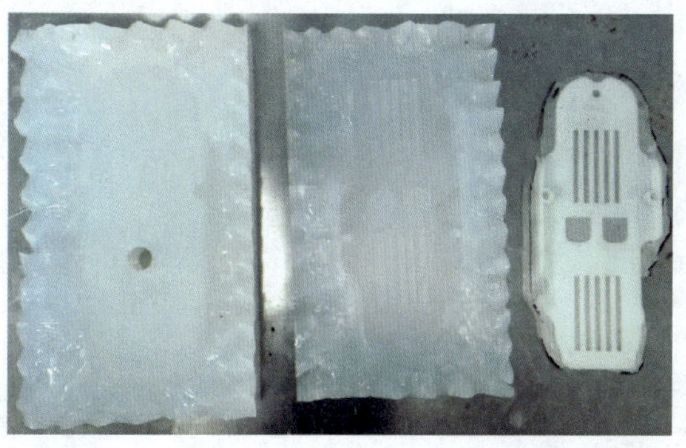

图 2-4-15　分离后的硅胶模具和原型件

五、加工排气孔

1. 用大力钳、尖嘴钳等工具拔出排气棒，如图 2-4-16 所示。
2. 用排气针修整或新开排气孔，如图 2-4-17 所示。

图 2-4-16　拔出排气棒

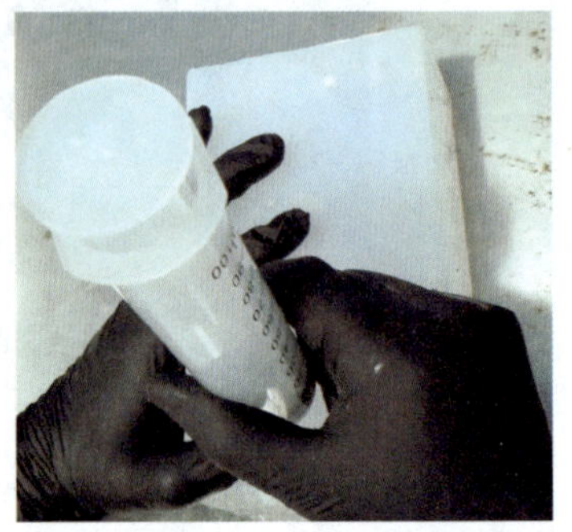
图 2-4-17　用排气针开排气孔

小贴士

（1）排气孔不是开越多越好，可以先制件后再加开。
（2）发现模具有少数缺陷时，可用新调配的硅胶修补。

六、清洁模具

使用气枪清洁模具，如图 2-4-18 所示。合上模具并用有色记号笔在排气孔的位置做标记，如图 2-4-19 所示。至此，硅胶模具制作完成。

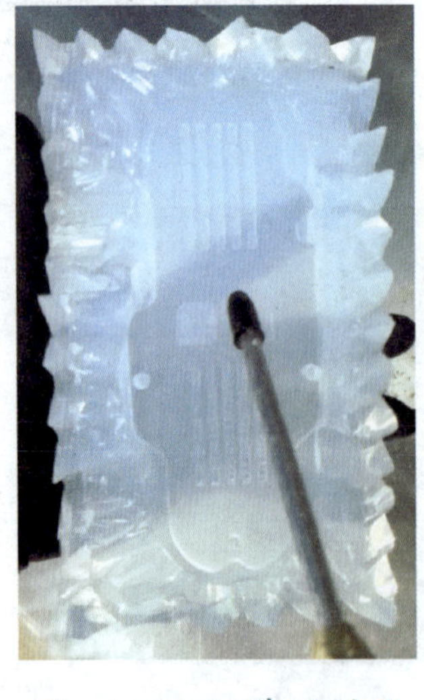
图 2-4-18　清洁模具

图 2-4-19　标记排气孔

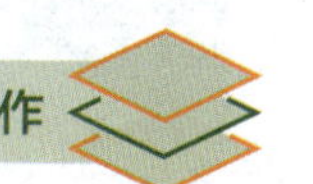

任务测评

按表 2-4-3 所列评价要点进行任务评价，并将结果填入表中。

▼ 表 2-4-3　任务评价表

班级		姓名		学号		日期	年　月　日
序号	**评价要点**					**配分（分）**	**得分（分）**
1	熟悉排气孔的设计原则					10	
2	掌握开模的方法与技巧，并能熟练开模取出原型件					40	
3	能熟练设计和加工排气孔					20	
4	安全意识、责任意识强					6	
5	积极参加学习活动，按时完成各项任务					6	
6	团队合作意识强，善于与人交流和沟通					6	
7	自觉遵守劳动纪律，不迟到、不早退，中途不离开实训现场					6	
8	严格遵守“6S”管理要求					6	
小结建议					总计	100	

项目三

手机外壳真空复模

学习目标

1. 掌握产品真空复模的工艺流程。
2. 能对真空复模原型件进行三维建模并输出 STL 文件。
3. 能对真空复模原型件进行 3D 打印快速制造。
4. 能利用原型件进行硅胶模具制作，并利用该硅胶模具进行浇注复制原型件。
5. 能对真空复模制品的常见缺陷进行分析与处理。

项目描述

某公司接到一批儿童玩具手机外壳小批量加工订单。该产品如果采用传统注塑加工需要制造相应注塑模具，成本较大。为节约成本、缩短生产周期，约定采用真空复模快速模具完成生产任务，后期再进行上色、丝印处理。该手机外壳零件图如图 3-0-1 所示。

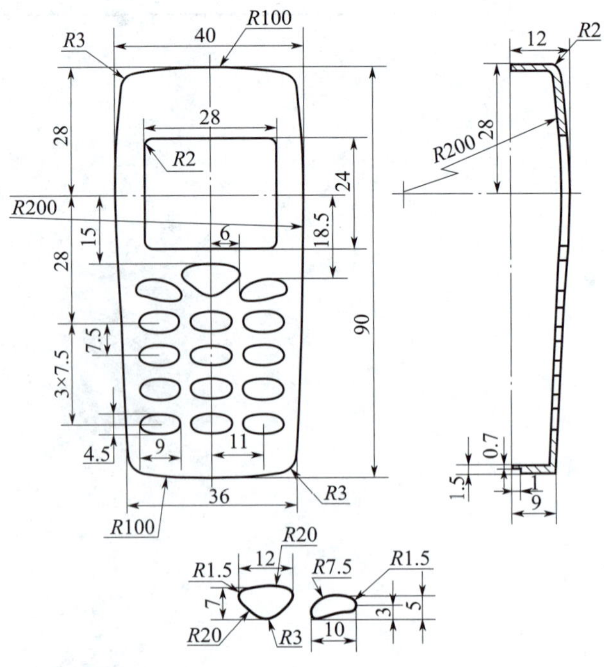

图 3-0-1　手机外壳零件图

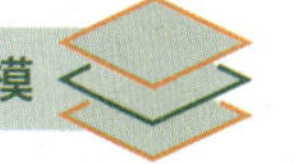

项目分析

接受工作任务后，应首先熟悉工作场地的环境、设备管理要求等，分析确定本项目手机外壳的制作工艺路线（见图 3-0-2），然后独立完成手机外壳的真空复模过程，并按现场管理规范要求清理场地、归置物品，按环保要求处理废弃物。该项目可由以下五个任务分步完成：

任务 1　手机外壳原型件三维造型；

任务 2　手机外壳 Magics RP 数据处理；

任务 3　手机外壳 3D 打印快速成型；

任务 4　手机外壳的真空复模生产；

任务 5　真空复模制品缺陷分析与处理。

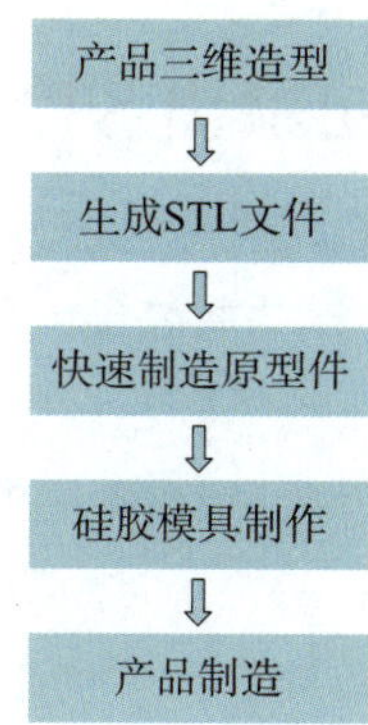

图 3-0-2　制作工艺路线

任务 1　手机外壳原型件三维造型

学习目标

1. 了解常见三维软件默认的文件格式。
2. 掌握常见三维软件输出 STL 文件的方法。
3. 能完成手机外壳原型件的三维造型。

任务引入

快速成型（Rapid Prototyping，RP）技术是 20 世纪 80 年代末到 90 年代初在美国形成的高新制造技术，是直接根据 CAD 模型快速生产样件或零件的成组技术总称。它集成了 CAD 技术、数控技术、激光技术和材料技术等现代科技成果，是先进制造技术的重要组成部分。本任务主要使用三维软件根据图 3-0-1 所示手机外壳零件图进行造型并输出 STL 文件，同时掌握常用三维软件 STL 文件的输出方法。

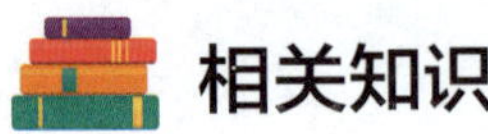

相关知识

一、可输出 STL 文件的常用三维软件

STL 是快速成型系统应用最多的标准文件类型，它是用三角网格来表现三维模型的。STL 文件非常简单，只描述三维物体的几何信息，不支持颜色、材质等信息。常见的三维软件（UG、Creo、SolidWorks、CATIA、3ds Max、Rhino、ZBrush 等）都可以输出 STL 文件，只是不同的软件输出 STL 文件的方法有所不同。常见三维软件默认的文件格式见表 3-1-1。

▼ 表 3-1-1　常见三维软件默认的文件格式

软件名称	默认文件格式
UG	.prt
Creo	.prt
SolidWorks	.SLDPRT
CATIA	.CATPart
3ds Max	.max
Rhino	.3dm
ZBrush	.OBJ

二、UG NX12 输出 STL 文件

UG（Unigraphics NX）是 Siemens PLM Software 公司出品的一个产品工程解决方案，是一个交互式 CAD/CAM（计算机辅助设计与计算机辅助制造）系统，它功能强大，可以轻松实现各种复杂实体及造型的建构。它在诞生之初主要是基于工作站的，但随着 PC 硬件的发展和个人用户的迅速增长，其在 PC 上的应用取得了迅猛的增长，已经成为模具行业三维设计的一个主流应用。在 UG 中建模完成后，如果要利用快速成型技术进行零件加工，则需要把模型以 STL 文件格式输出，步骤如下：

1. 在软件中单击“文件”→“导出”选项，在弹出的隐藏菜单中找到“STL”选项并单击，如图 3-1-1 所示。

2. 弹出的“STL 导出”对话框如图 3-1-2 所示。单击“要导出的对象”栏右侧的 ⌖ 按钮，切换到 UG 建模界面选择需要导出的对象，“STL 导出”对话框的“要导出的对象”栏中会显示选择对象的数目，如图 3-1-3 所示。

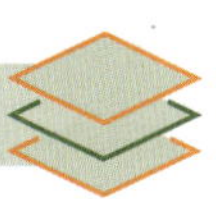

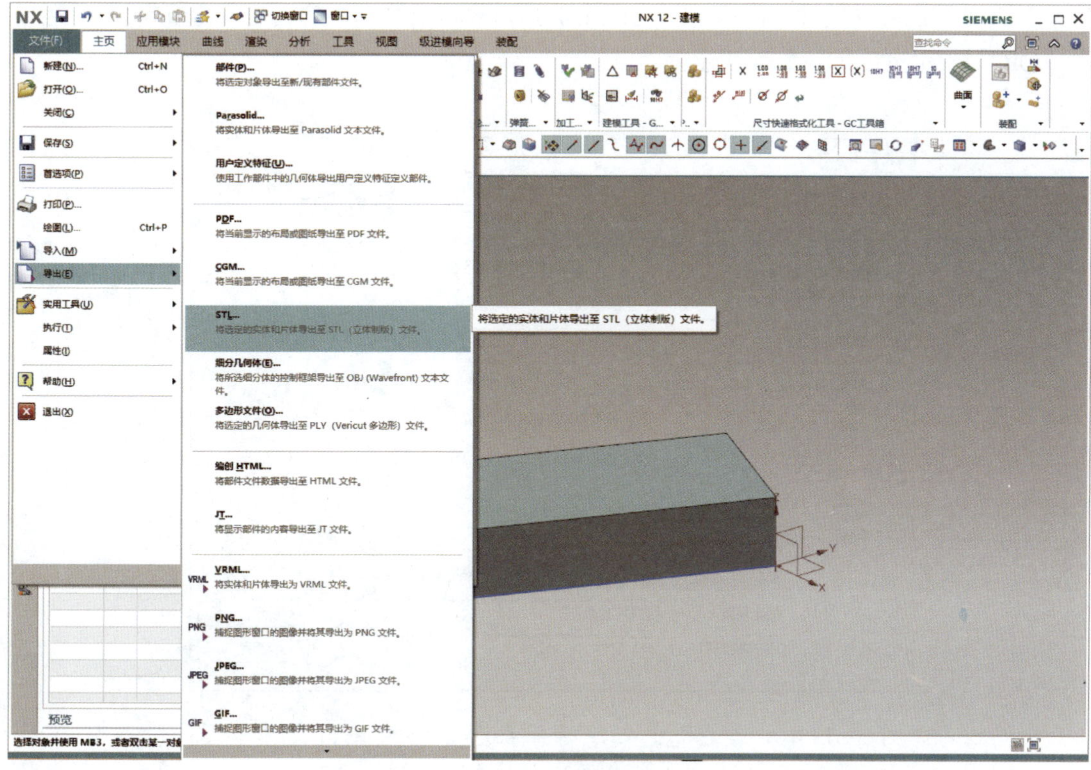

图 3-1-1　导出 STL 文件

STL 导出
要导出的对象
选择对象 (0)
导出至
STL 文件
C:\Users\Administrator\Desktop\DREAM 1\p
输出文件类型　二进制
选项
弦公差　0.0100
角度公差　10.0000
可选 STL 文件标题
☐ 三角形显示
审核
☐ 查看错误
确定　应用　取消

图 3-1-2　“STL 导出”对话框

STL 导出
要导出的对象
选择对象 (1)
导出至
STL 文件
C:\Users\Administrator\Desktop\DREAM 1\p
输出文件类型　二进制
选项
弦公差　0.0100
角度公差　10.0000
可选 STL 文件标题
☐ 三角形显示
审核
☐ 查看错误
确定　应用　取消

图 3-1-3　选择导出对象

3. 选择导出文件的保存路径（不含汉字）并为要导出的文件命名（不含汉字），然后单击“OK”按钮，如图 3-1-4 所示。

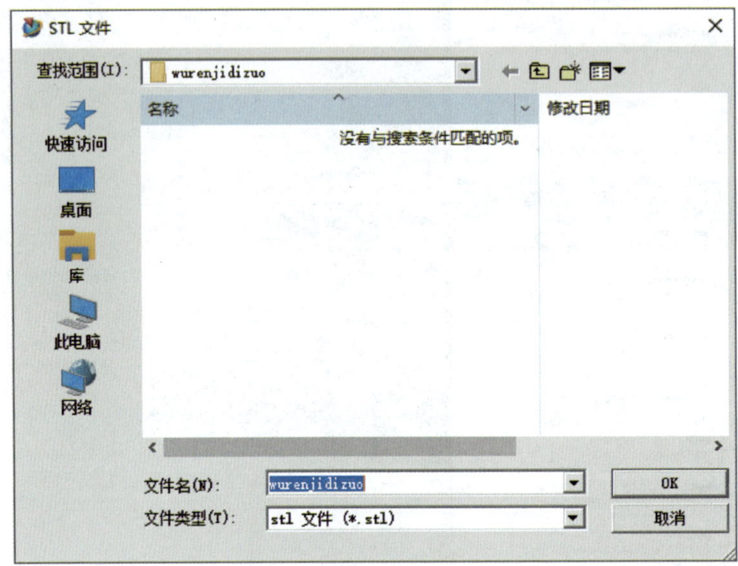

图 3-1-4 设置导出文件的保存路径并为导出文件命名

4. 系统回到“STL 导出”对话框，此时可根据加工要求修改公差值，如图 3-1-5 所示，然后单击“确定”按钮完成文件的导出。

图 3-1-5 修改公差值

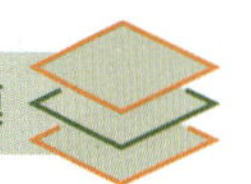

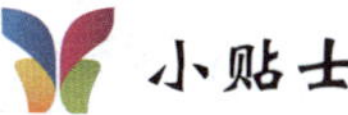

小贴士

在图 3-1-5 中设置弦公差值时，数值越大，导出的零件表面的三角面片越大；数值越小，零件表面越光滑。图 3-1-6 中显示的模型分别是弦公差值设置为 0 和 0.1 时的情形，图 3-1-6a 中弦公差值为 0，图 3-1-6b 中弦公差值为 0.1，图中测量的尺寸是三角形的边长，可以看到对比很明显。

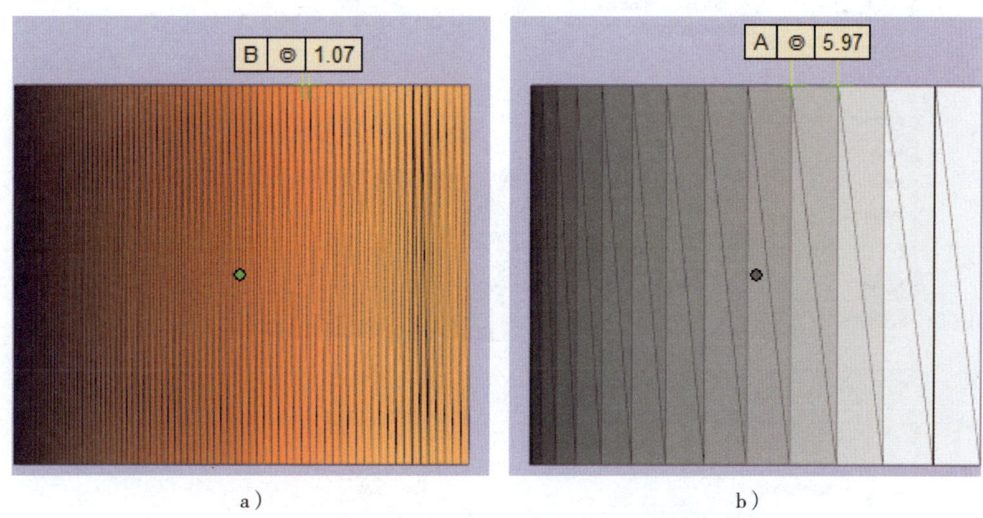

a）　　b）

图 3-1-6　弦公差值大小的区别

a）弦公差值为 0　b）弦公差值为 0.1

三、Creo6.0 输出 STL 文件

Creo 是美国 PTC 公司于 2010 年 10 月推出的 CAD 设计软件包。它整合了 PTC 公司之前的 Pro/Engineer 的参数化技术、CoCreate 的直接建模技术和 ProductView 的三维可视化技术，广泛应用于电子、机械、模具、工业设计、汽车、航天、家电、玩具等行业。Creo6.0 输出 STL 文件的步骤如下：

1. 在软件中单击“文件”菜单，选择“另存为”选项，如图 3-1-7 所示。在弹出的隐藏菜单中单击“保存副本”选项，系统弹出“保存副本”对话框，如图 3-1-8 所示。选择导出文件的保存路径（不含汉字），如图 3-1-9 所示。

2. 在“保存副本”对话框的“类型”下拉菜单中选择导出文件格式为 STL，即“Stereolithography（*.stl）”，如图 3-1-10 所示，并为要导出的文件命名（不含汉字）。勾选“自定义导出”复选框，如图 3-1-11 所示，然后单击“确定”按钮。

3. 系统弹出“导出 STL”对话框，如图 3-1-12 所示，用户可在此对话框中根据加工精度要求设置 STL 导出文件参数，导出参数里的“弦高”值决定三角面片的大小，“弦高”值越小模型导出精度越高。若将“弦高”值和“角度控制”值都设置为零，单击“应用”按钮，对话框中的参数变为如图 3-1-13 所示，“弦高”值默认为系统最小值。单击“确定”按钮，完成 STL 文件输出。

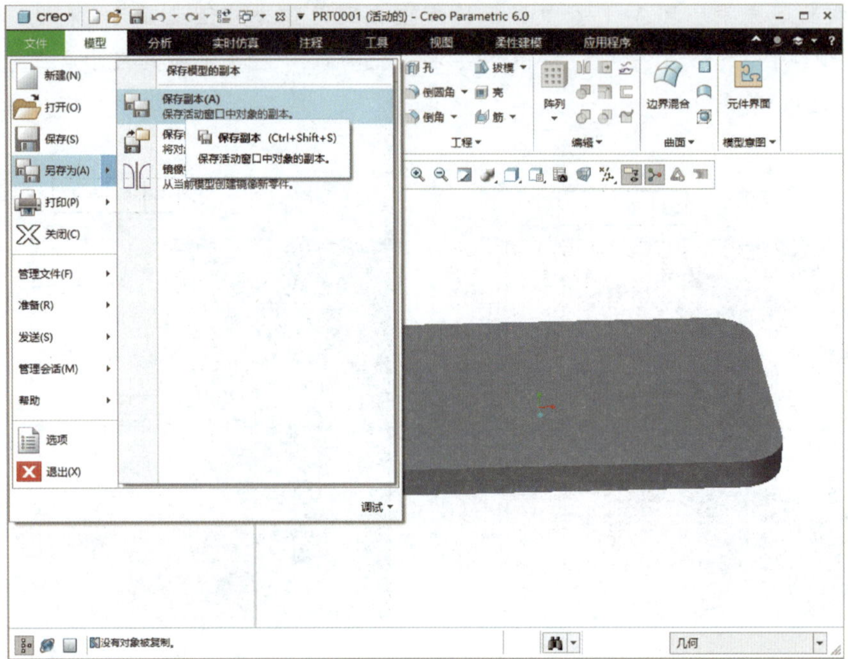

图 3-1-7　Creo 工作界面

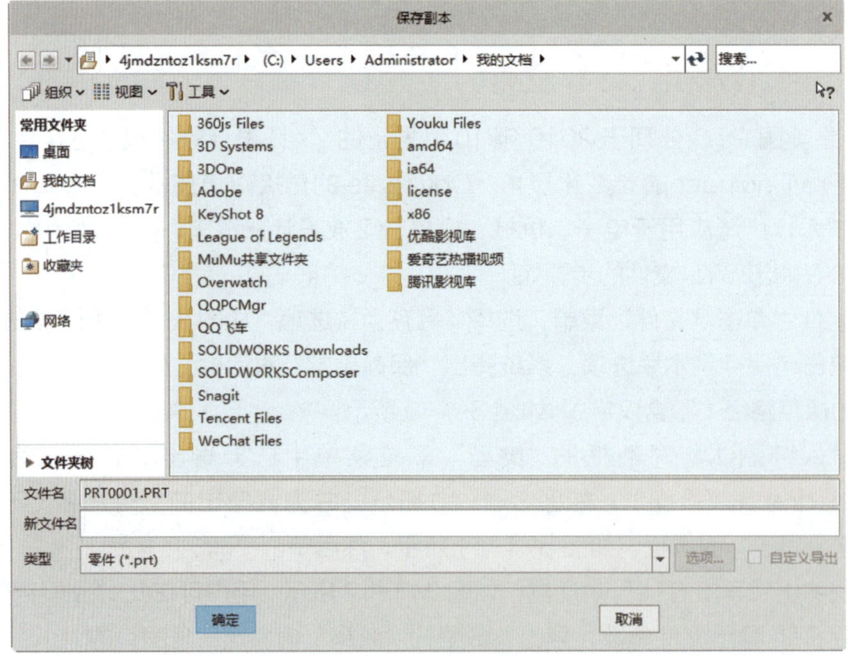

图 3-1-8　“保存副本”对话框

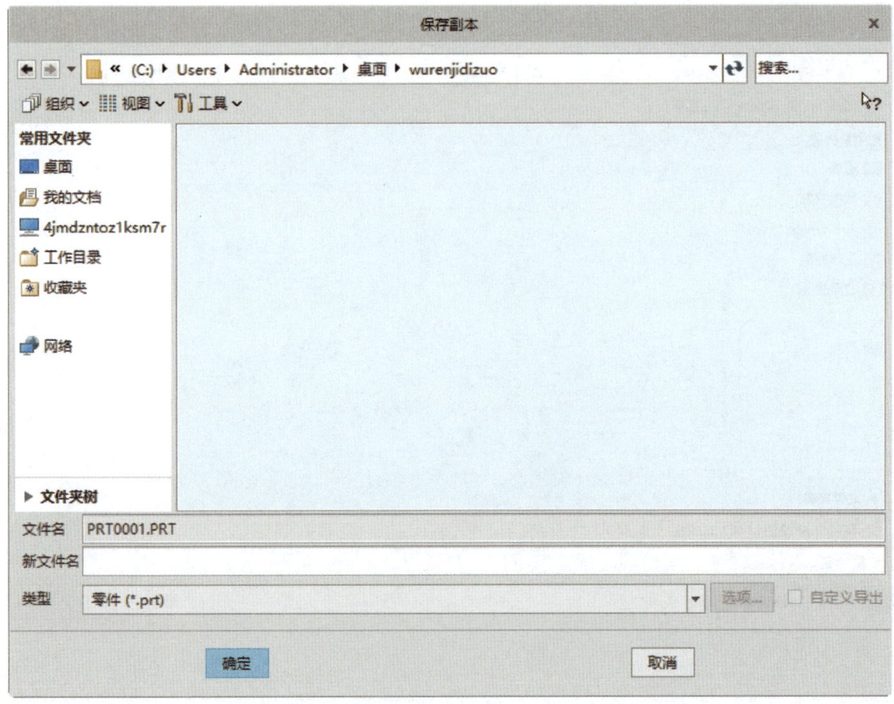

图 3-1-9　选择导出文件的保存路径

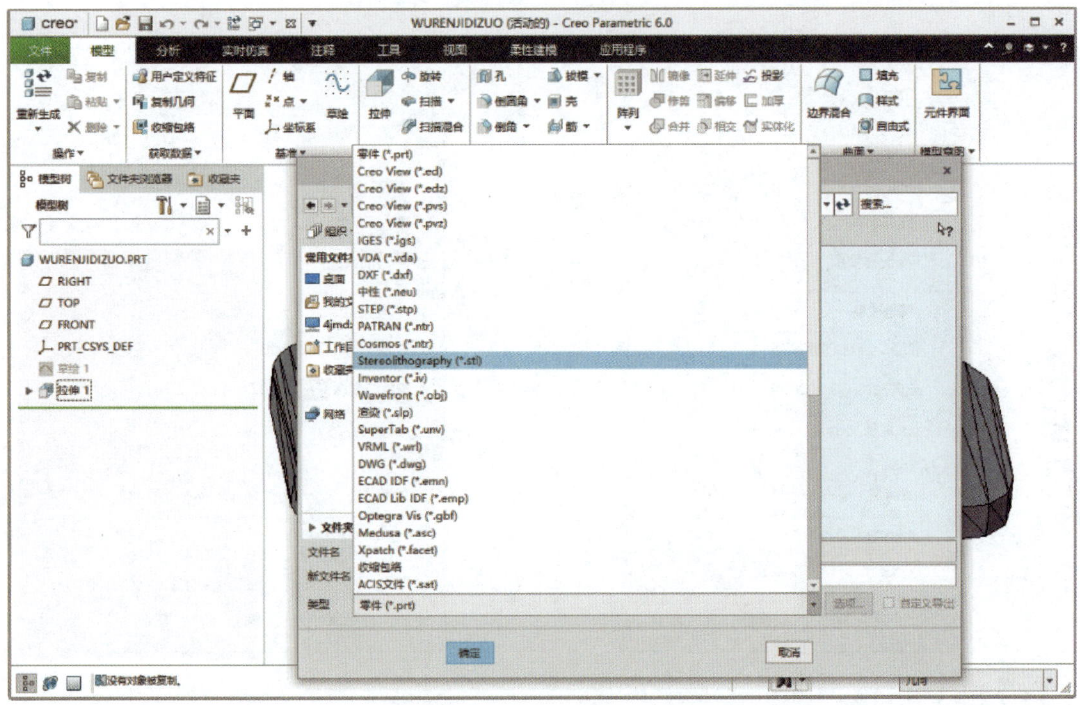

图 3-1-10　选择保存文件的类型

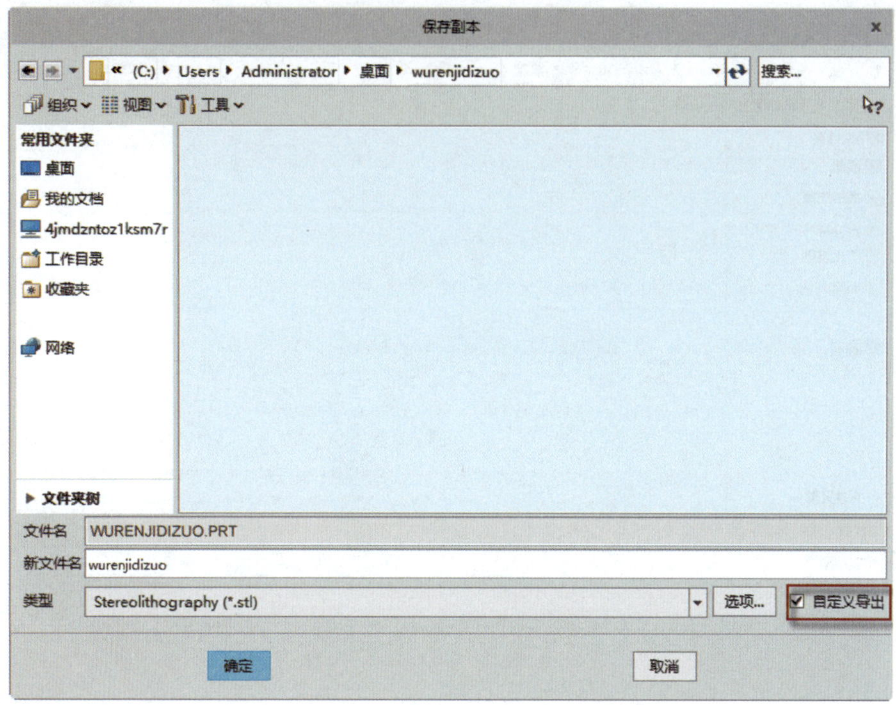

图 3-1-11　命名导出文件

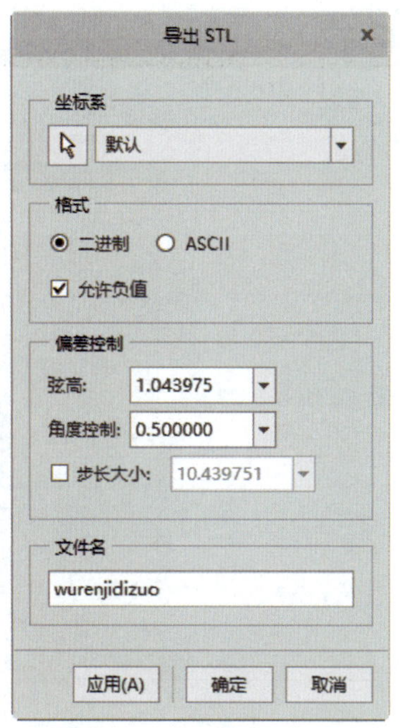

图 3-1-12　“导出 STL”对话框

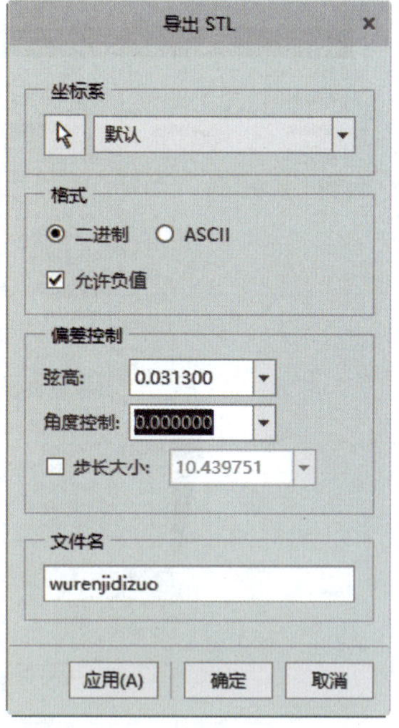

图 3-1-13　修改参数后的“导出 STL”对话框

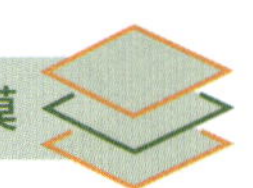

四、Rhino6.0 输出 STL 文件

Rhino（中文名称犀牛）是美国 Robert McNeel & Assoc 开发的功能强大的专业 3D 造型软件，广泛应用于三维动画制作、工业制造、科学研究以及机械设计等领域。Rhino6.0 输出 STL 文件的步骤如下：

1. 在软件中单击“文件”菜单，选择“另存为”选项，如图 3-1-14 所示。在弹出的“储存”对话框中选择导出文件的保存路径，并为导出文件命名，如图 3-1-15 所示。

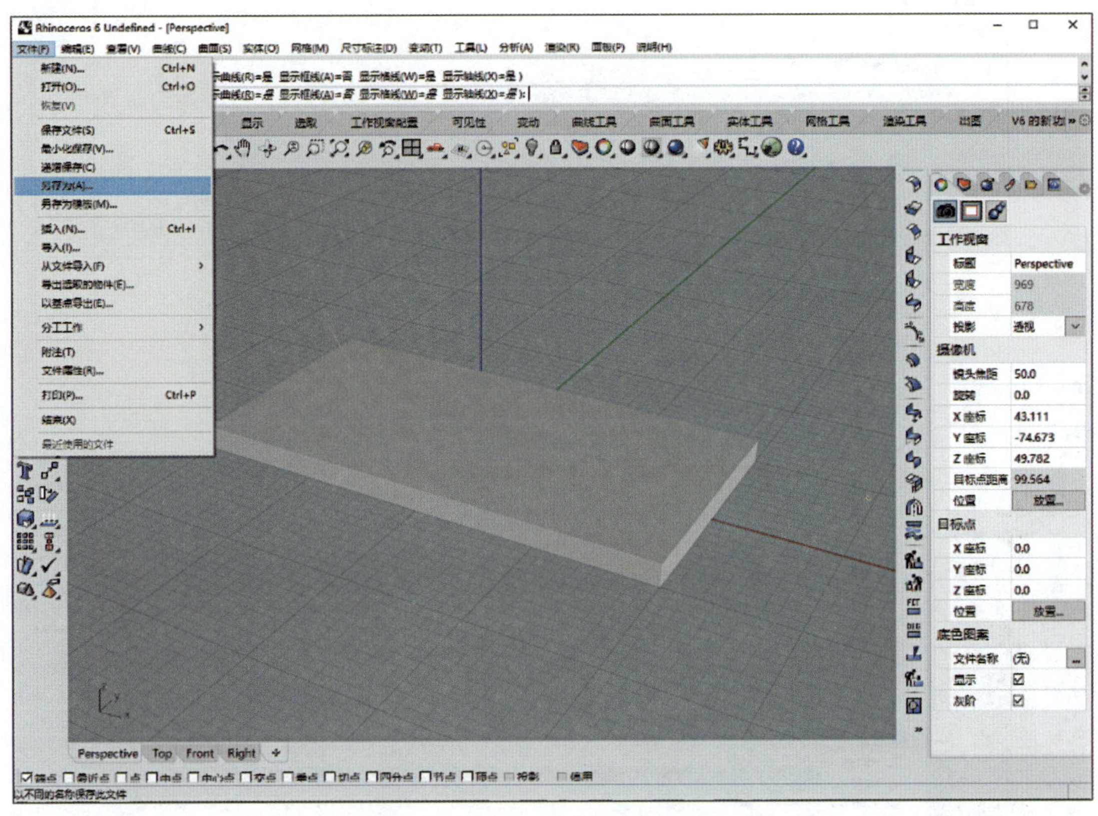

图 3-1-14 Rhino 工作界面

2. 在“保存类型”下拉菜单中选择导出文件格式为“STL”，如图 3-1-16 所示。

3. 单击“保存”按钮，在弹出的“STL 网格导出选项”对话框中，根据加工要求设置导出 STL 文件的公差参数，如图 3-1-17 所示，单击“确定”按钮完成 STL 文件输出。

小贴士

在用 Rhino 软件设计时，应尽量采用实体进行设计，因为在后续 STL 数据处理工作中，如果是片体会因为没有厚度而无法进行后续工作。如果已经用片体创建完成，导出后需要用

图 3-1-15　选择导出文件保存路径并为导出文件命名

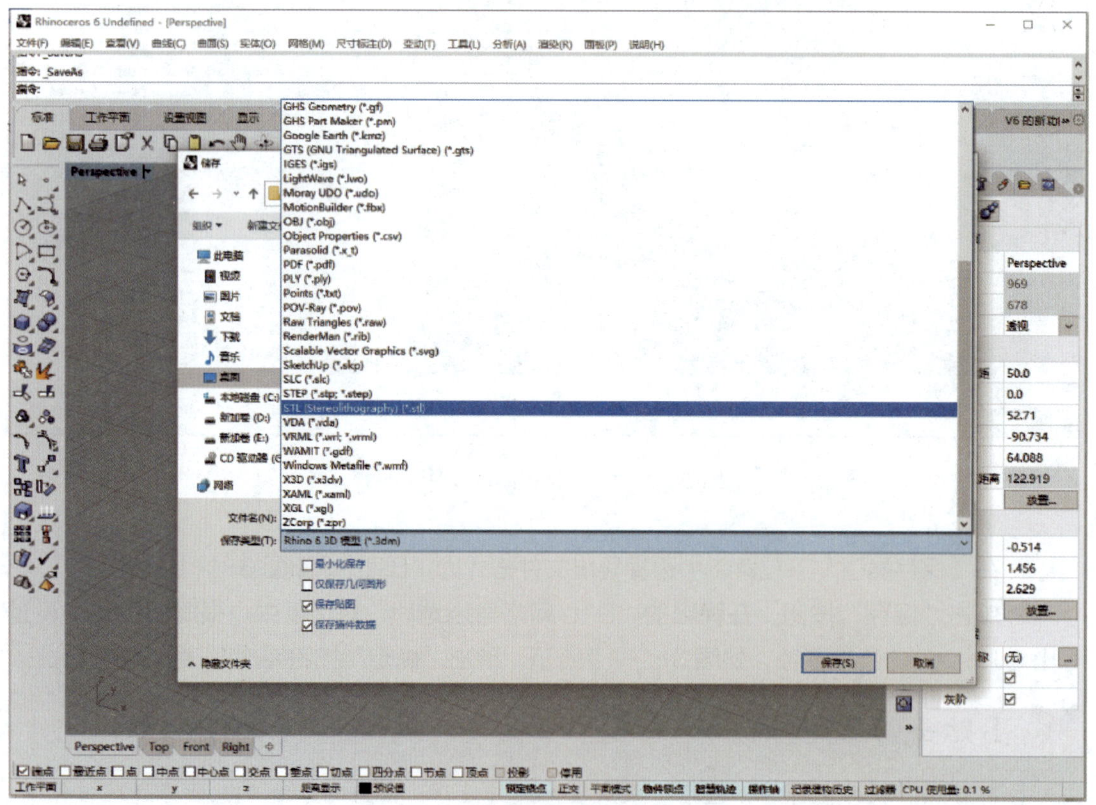

图 3-1-16　选择保存文件的类型

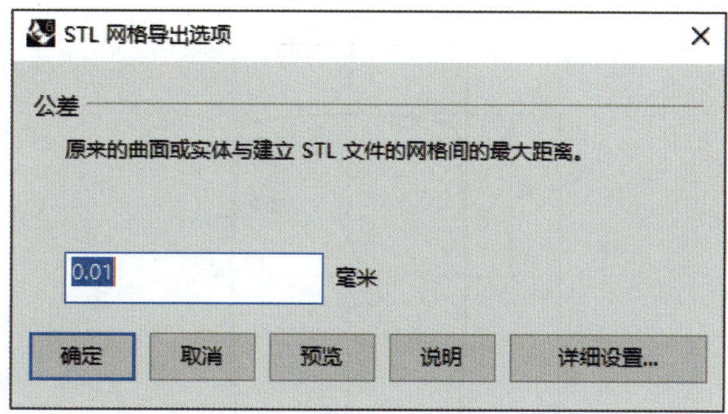

图 3-1-17 “STL 网格导出选项”对话框

其他软件对片体进行加厚。加厚时可能会出现面片交叉现象，也需要处理，且会影响整体外观形态。

CATIA、3ds Max 软件导出 STL 文件的方法和 Rhino 软件导出 STL 文件的方法相同，均是在导出文件中选择文件类型为 STL 即可；SolidWorks 软件导出 STL 文件的方法和 Creo 软件导出 STL 文件的方法相同。

任务实施

一、任务准备

1. 机房准备

根据本任务要求联系机房管理员，确认机房内计算机已安装 SolidWorks 软件。

2. 分组

根据班级人数分成若干组（一组 4～6 人最佳），并选出一名组长，同组人员对操作、观察、记录与总结等进行分工。

二、使用 SolidWorks 创建手机外壳的主体

1. 新建文件

启动 SolidWorks 软件后，单击“新建”按钮，在弹出的“新建 SOLIDWORKS 文件”对话框中单击“零件”图标，然后单击“确定”按钮，进入零件设计工作环境。

2. 绘制手机外壳轮廓线草图

在设计树中单击选择“上视基准面”，在快捷工具栏中选择“草图绘制”按钮，绘制手机外壳轮廓线草图并标注尺寸，如图 3-1-18 所示。

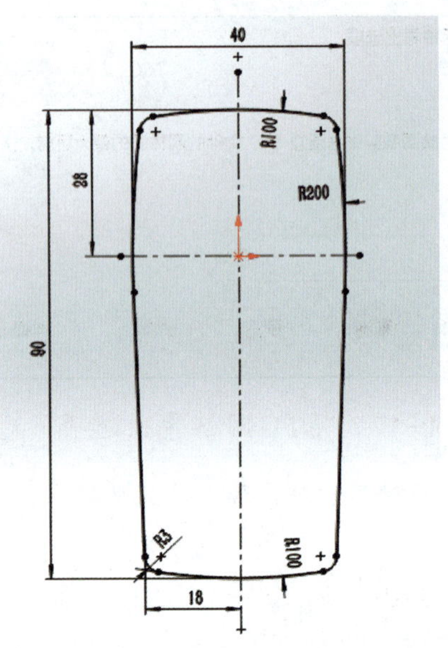

图 3-1-18 手机外壳轮廓线草图

3. 拉伸实体

保持草图的激活状态，在“特征”选项卡中选择“拉伸凸台 / 基体”按钮，弹出“凸台 - 拉伸 1”属性管理器，将“给定深度”设置为“15.00 mm”，如图 3-1-19 所示，单击“确定”按钮，结果如图 3-1-20 所示。

图 3-1-19 设置拉伸参数

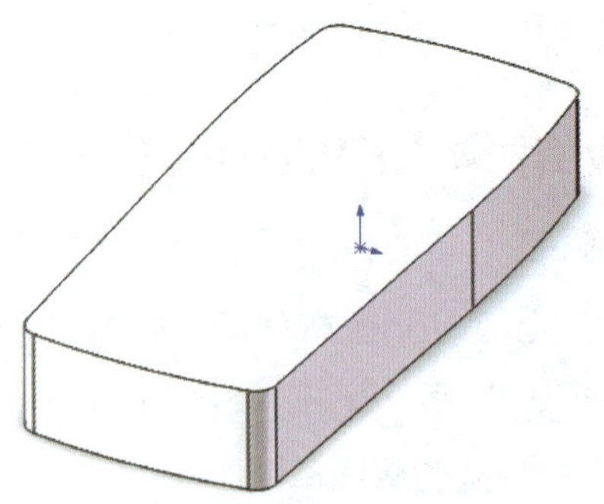

图 3-1-20 手机外壳的基体

4. 切割实体

在设计树中单击选择“右视基准面”，在快捷工具栏中选择“草图绘制”按钮，绘制手机外壳侧面曲面线草图并标注尺寸，如图 3-1-21 所示。保持草图的激活状态，在“特征”选项卡中选择“拉伸切除”按钮，弹出“切除 - 拉伸”属性管理器，在“方向 1”选项框里选择“完全贯穿 - 两者”，如图 3-1-22 所示，单击“确定”按钮，即完成手机外壳的主体建模，结果如图 3-1-23 所示。

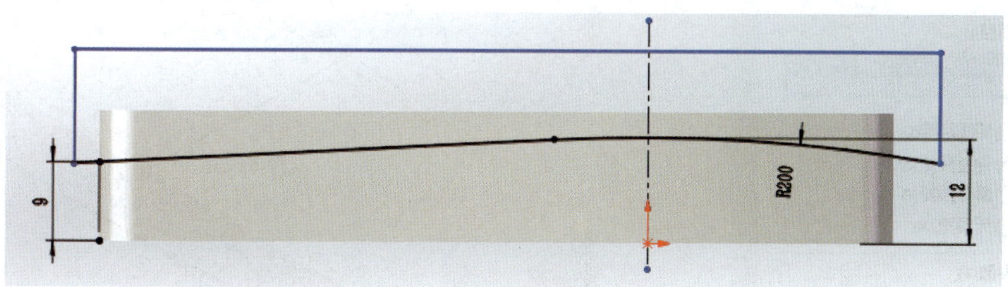

图 3-1-21　手机外壳侧面曲面线草图

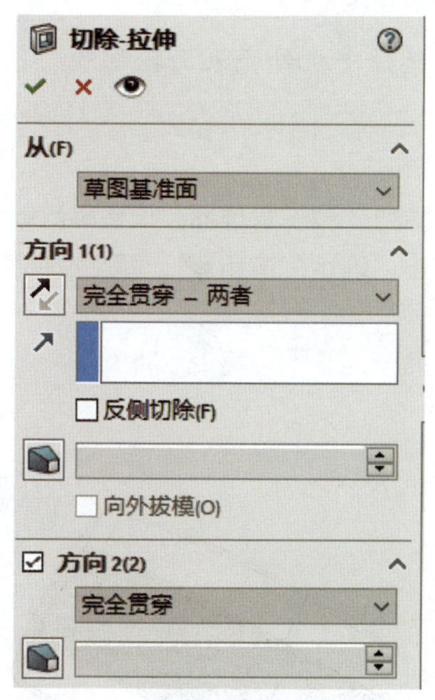

图 3-1-22　设置切割参数

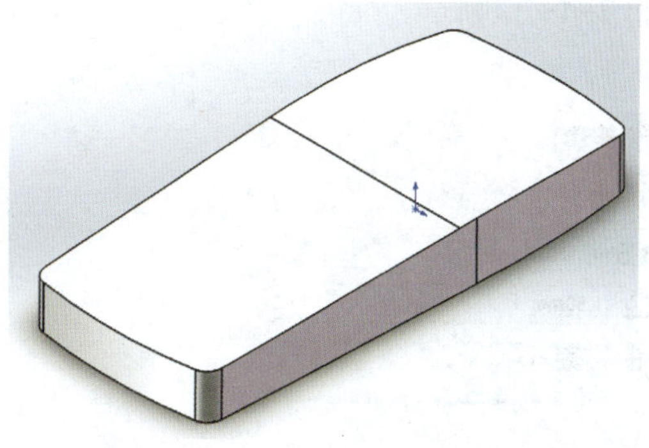

图 3-1-23　手机外壳的主体

三、手机外壳倒圆角与抽壳

1. 倒圆角

在“特征”选项卡中选择“倒圆角”按钮，弹出“圆角”属性管理器，设置圆角半径值为“2.00 mm”，如图 3-1-24 所示。选择手机外壳表面轮廓线，如图 3-1-25 所示，单击“确定”按钮，完成倒圆角。

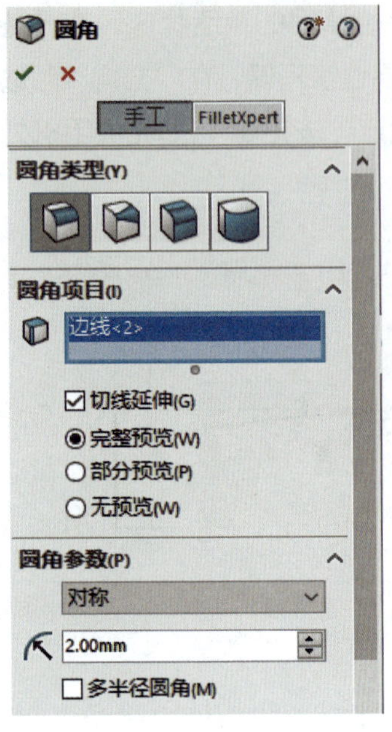

图 3-1-24 设置圆角参数

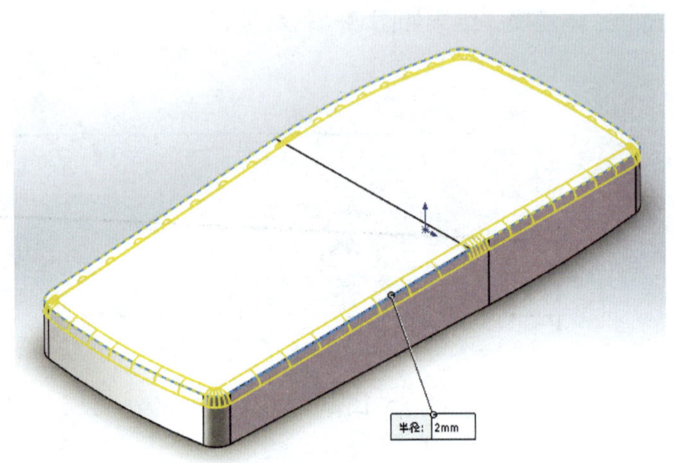

图 3-1-25 选择手机外壳表面轮廓线

2. 抽壳

在“特征”选项卡中选择“抽壳”按钮，弹出“抽壳 1”属性管理器，设置参数厚度为“1.50 mm”，如图 3-1-26 所示。选择手机背面，单击“确定”按钮，即完成抽壳，如图 3-1-27 所示。

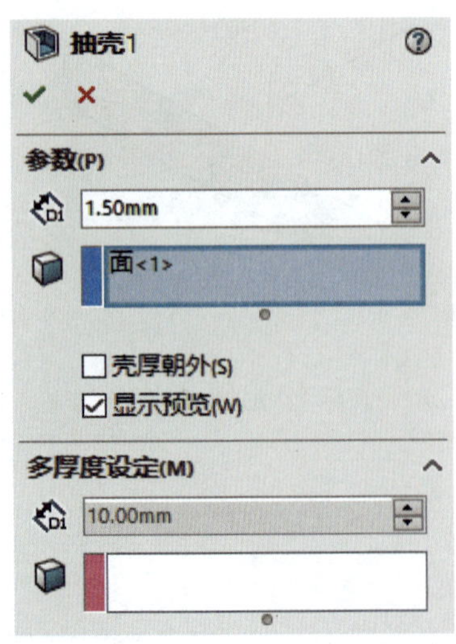

图 3-1-26 设置抽壳参数

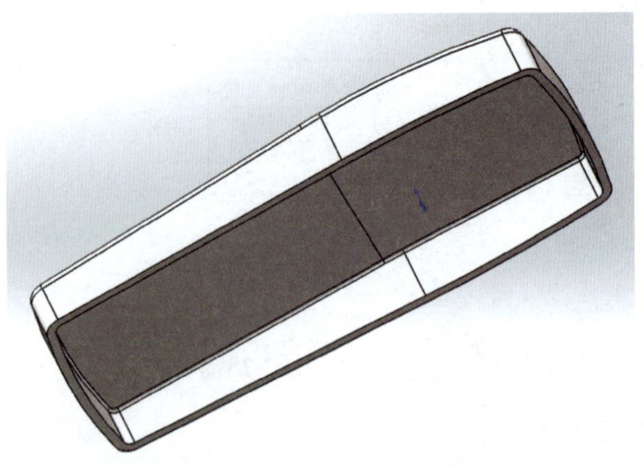

图 3-1-27 选择手机背面轮廓线

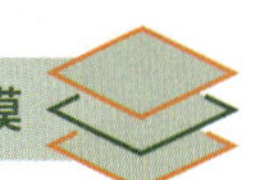

四、拉伸切出手机屏幕与按键孔

在设计树中单击选择“上视基准面”，在快捷工具栏中选择“草图绘制”按钮，按尺寸要求绘制手机屏幕与按键孔草图，如图 3-1-28 所示。保持草图的激活状态，在“特征”选项卡中选择“拉伸切除”按钮，弹出“切除 - 拉伸”属性管理器，在“方向 1”选项框里选择“成形到一面”，在“面 / 平面”选项框里选择手机表面，如图 3-1-29 所示，单击“确定”按钮，即完成手机屏幕与按键孔特征创建，如图 3-1-30 所示。

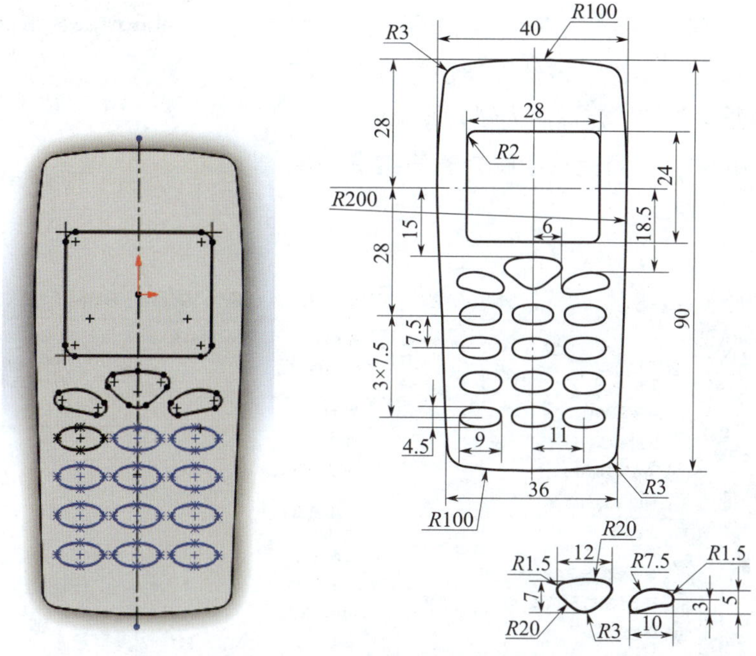

图 3-1-28　手机屏幕与按键孔草图

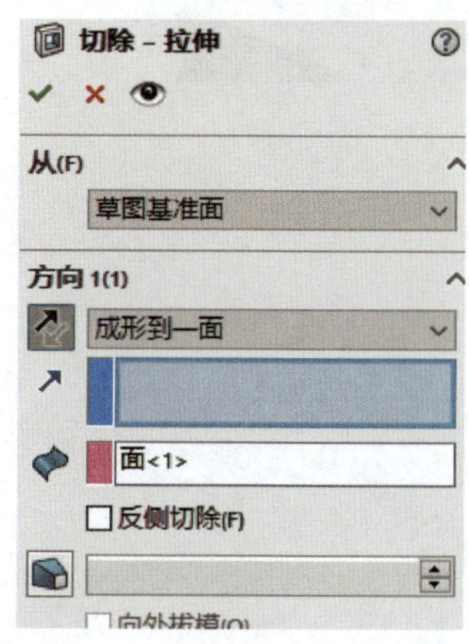

图 3-1-29　设置拉伸切除参数

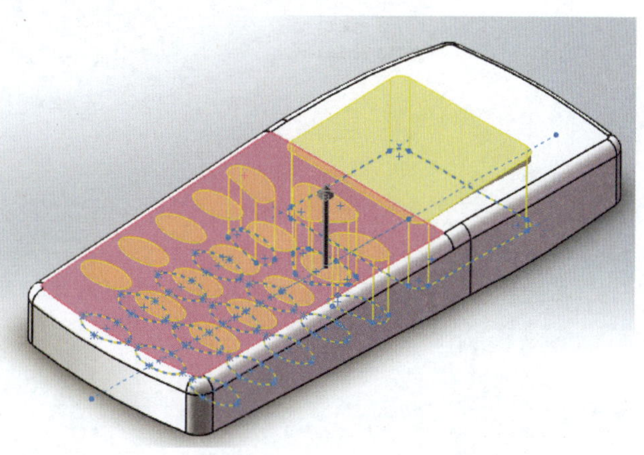

图 3-1-30　手机屏幕与按键孔创建效果预览

五、创建手机外壳凹槽

1. 在快捷工具栏中选择“草图绘制”按钮，弹出“编辑草图”选项卡，如图 3-1-31 所示，单击手机外壳底面进入草图绘制环境，依次在菜单栏中选择“视图”→“显示”→“上色”，如图 3-1-32 所示。

2. 利用“转换实体引用”按钮以及“等距实体”按钮绘制草图，如图 3-1-33 所示。保持草图的激活状态，在“特征”选项卡中选择“拉伸切除”按钮，弹出“切除 - 拉伸”属性管理器，在“方向 1”选项框里设置给定深度为“1.00 mm”，单击“确定”按钮，即可完成手机外壳三维造型建模，如图 3-1-34 所示。

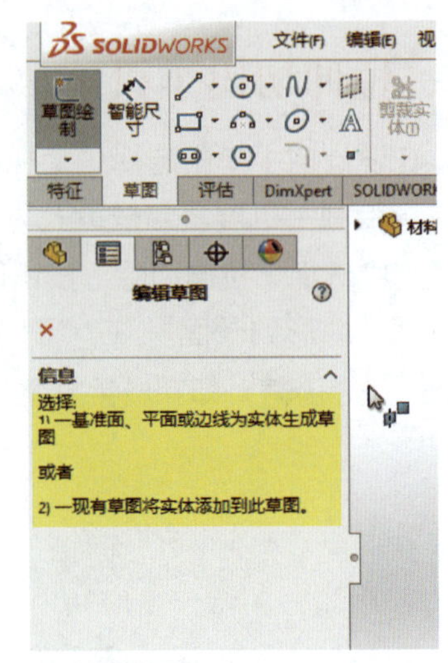

图 3-1-31 “编辑草图”选项卡

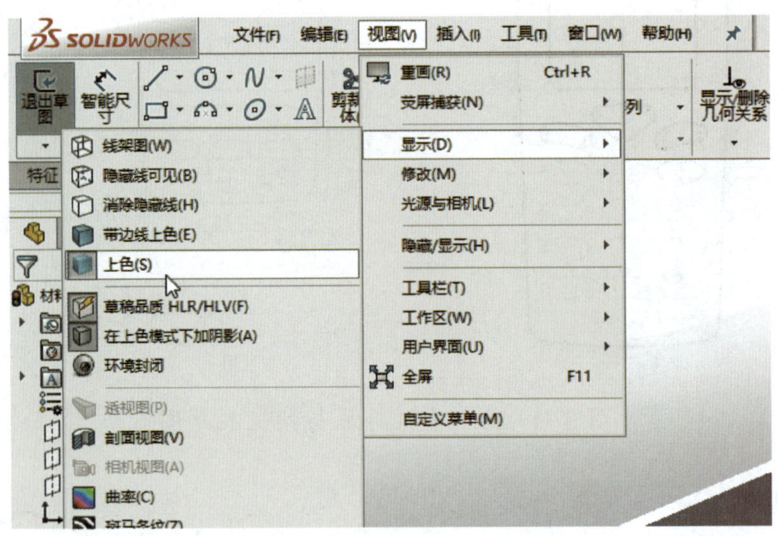

图 3-1-32 选择视图显示模式

小贴士

在选择基准面画草图时，选择合适的视图显示模式，可以更好地选择对象。

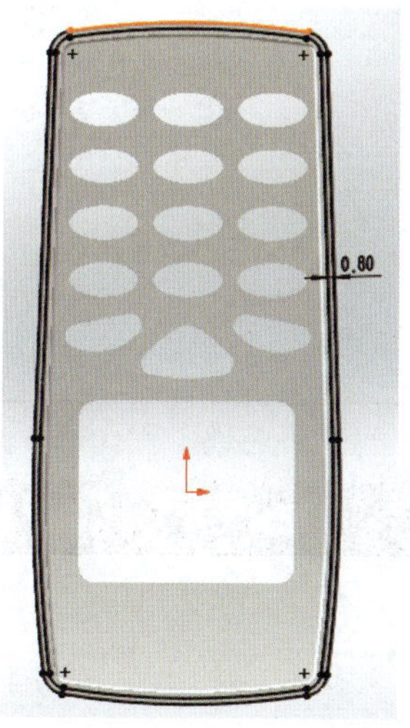

图 3-1-33　手机外壳凹槽草图

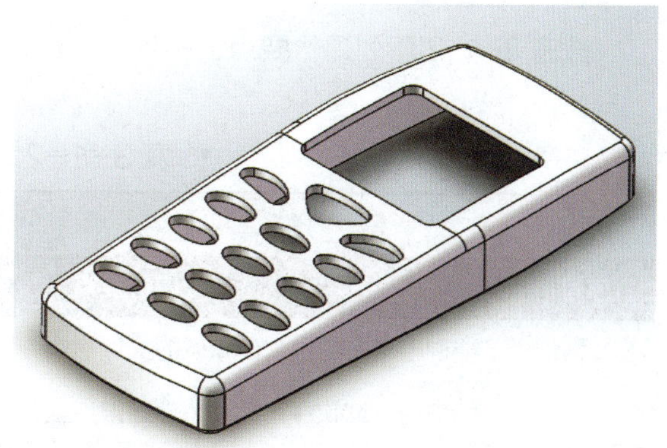

图 3-1-34　手机外壳三维造型

六、保存为 STL 文件

单击菜单栏“文件”→“另存为”选项，在“保存类型”下拉菜单中选择导出文件格式为“STL”，如图 3-1-35 所示。

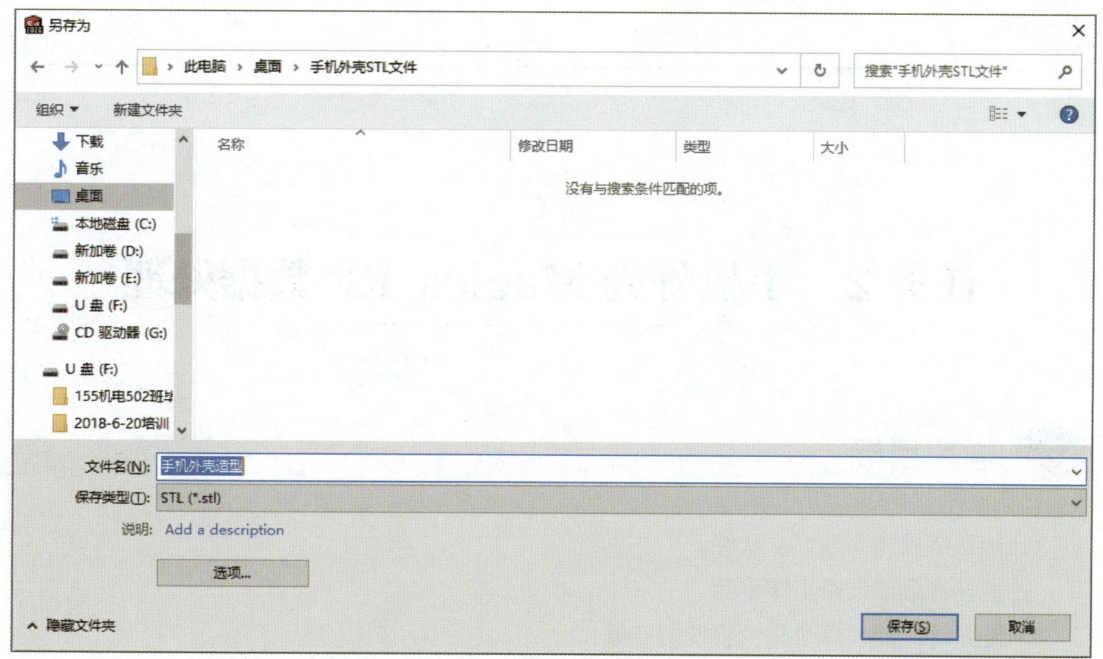

图 3-1-35　保存为 STL 文件

任务测评

按表 3-1-2 所列评价要点进行任务评价，并将结果填入表中。

▼ 表 3-1-2　任务评价表

班级		姓名		学号		日期	年　月　日
序号	**评价要点**					**配分（分）**	**得分（分）**
1	能说出常见三维软件默认的文件格式					10	
2	能使用三维软件完成原型件三维造型					50	
3	能使用三维软件输出 STL 文件					10	
4	安全意识、责任意识强					6	
5	积极参加学习活动，按时完成各项任务					6	
6	团队合作意识强，善于与人交流和沟通					6	
7	自觉遵守劳动纪律，不迟到、不早退，中途不离开实训现场					6	
8	严格遵守“6S”管理要求					6	
小结建议					总计	100	

任务 2　手机外壳 Magics RP 数据处理

学习目标

1. 能熟练操作 Magics 软件。
2. 能熟练添加设备工作平台。
3. 能熟练添加、修改和校验模型支撑。
4. 能熟练导出切片数据。

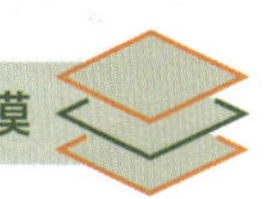

任务引入

Magics 软件不仅可以对 STL 文件进行修复，还可以解决快速成型前期所有数据处理问题，特别是基于 SLA 工艺的快速成型。本任务使用 Magics 软件对图 3-0-1 所示手机外壳的 STL 文件进行 SLA 工艺前期数据处理。

相关知识

一、数据准备软件——Magics

Magics 软件就是把 STL 文件转换成 SLC 加工文件的软件，主要完成数据修复、制作方向确定、分层处理、支撑生成与优化等工作。

Magics 软件由比利时 Materialise 公司开发。该公司成立于 1990 年，作为当时第一批欧洲快速成型技术服务机构之一，长期以来 Materialise 公司一直致力于 RP 技术的开发、研究以及推广，处于世界快速成型技术的前沿。现在 Materialise 公司已发展成为全球 RP 快速成型、RT 快速模具、RM 快速制造解决方案的一大供应商，是这一领域的领导者。

二、SLC 文件

SLC 文件格式是由 Materialise 公司为获取快速成型三维模型分层切片后的数据而提出的一种数据存储的文件格式。该文件格式的优点是无需切片处理即可被 3D 打印系统所接受，缺点是由于其截面轮廓依旧是对实体截面的一种近似，因此精度不高。此外，它的计算较复杂、文件庞大、生成费时。

立体光固化快速成型机使用的数据处理软件是 Magics，STL 文件在 Magics 软件中经过修复、确定摆放位置（见图 3-2-1a）、添加支撑（见图 3-2-1b）后就可以进行分层切片（见图 3-2-2a），软件最终输出的文件格式是 SLC，如图 3-2-2b 所示。

三、STL 文件常见问题

在实际应用中，根据 STL 文件中零件模型错误的特点及其产生原因，可将 STL 文件常见问题分为以下几类：

1. 法向量错误

即小三角形面片的法向量方向与三角形顶点之间不符合右手法则，这主要是由于生成 STL 文件时顶点记录顺序混乱造成的。单纯的法向量错误不会影响 STL 文件实体模型表面的连续性，但会影响模型的显示。

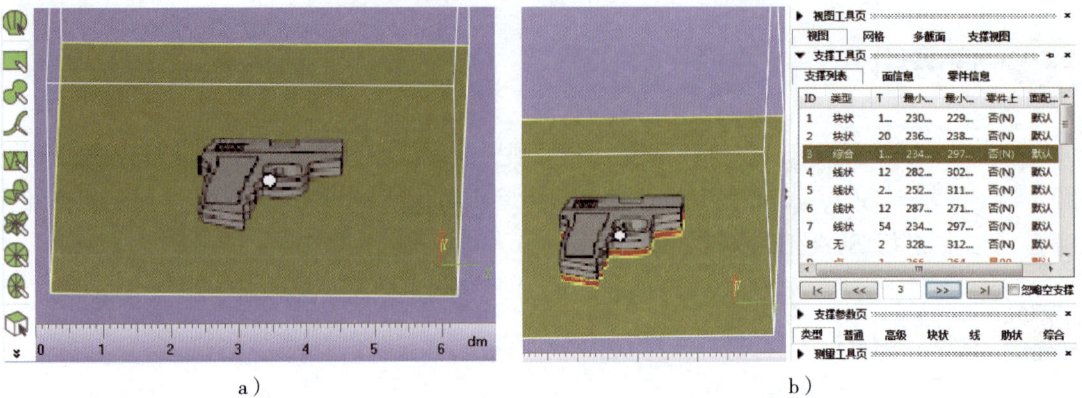

图 3-2-1　确定摆放位置与添加支撑

a）确定摆放位置　b）添加支撑

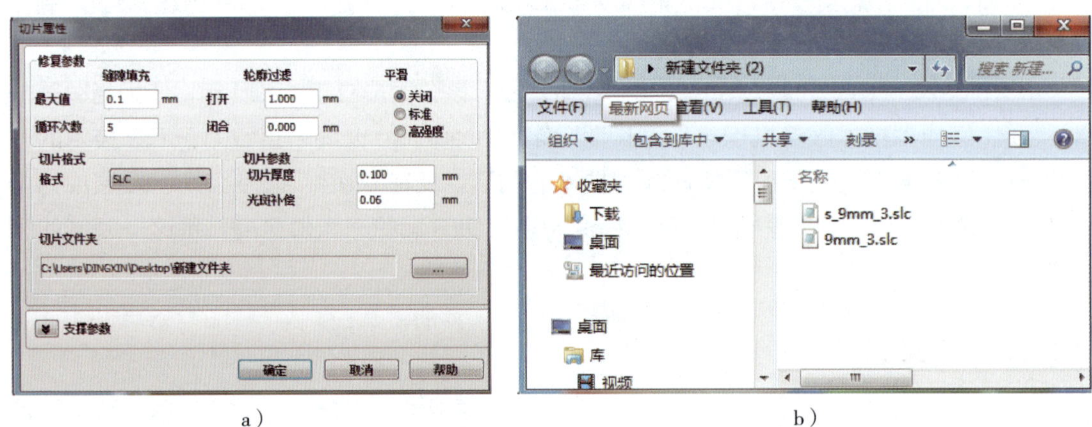

图 3-2-2　分层切片与文件输出

a）分层切片　b）文件输出

2. 不共顶点错误

不共顶点错误即小三角形面片的某个顶点落在另一个三角形面片的某条边上，使相邻三角形只有一个共用顶点。

3. 顶点分离错误

由于系统本身浮点运算精度和模型转换精度的影响，使得从实体或表面数据模型向三角网格模型转换时，出现一个顶点分离成多个顶点的情况，导致不同曲面边界上的同一条边分布不一致，从而使模型产生裂缝和孔洞等缺陷。

4. 孤立面片错误

当出现三个或者更多的面共用一条边时，在这些面组成的封闭环中就会存在孤立的面片。

5. 面片重叠错误

产生这类错误的原因主要有两种：一种是由于三角形的顶点坐标都是以浮点数存储的，

在生成文件时需要进行四舍五入，如果控制精度过低就会出现几个点被圆整成一个点，从而出现面片重叠；另一种是对某些大模型进行分块造型时，分块造型后的各子模型在拼合时没有进行求交运算。

6. 孔洞错误

孔洞是文件中最常见的错误。一般情况下，孔洞主要由以下原因引起：在实物测量过程中，被测量样件某些部位的坐标数据无法获得，即因数据缺失而造成的；在对多个大曲率曲面相交构成的表面模型进行三角化处理时，如果拼接该模型的某些小曲面丢失，也会造成孔洞。

7. 退化错误

退化错误即小三角面的三条边共线。这种错误经常发生在具有剧烈曲率变化（如尖角面）的两相交曲面的相交线附近，一般是由于三角网格化算法不完善造成的。另外，在修复文件顶点分离缺陷过程中也可能导致该问题的发生。

任务实施

一、任务准备

1. 机房准备

根据本任务要求联系机房管理员，确认机房内计算机已安装 Magics 24.0 软件。

2. 分组

根据班级人数分成若干组（一组 4～6 人最佳），并选出一名组长，同组人员对操作、观察、记录与总结等进行分工。

二、设置工作平台

打开 Magics 24.0 软件，根据使用的设备型号添加工作平台。首先单击菜单栏“加工准备”选项，在隐藏菜单中单击“新平台”按钮，弹出如图 3-2-3 所示“新机器”对话框；然后单击“选择机器”文本框右侧的下拉箭头选择相应设备，如图 3-2-4 所示；最后单击“确认”按钮，完成工作平台的添加。

三、导入手机外壳 STL 文件

单击快捷工具栏中的“加载新零件”按钮，如图 3-2-5 所示，弹出图 3-2-6 所示“加载新零件”对话框。选择手机外壳 STL 文件，单击“开启”按钮，弹出图 3-2-7 所示“选择方向”对话框，再单击“确认”按钮完成文件导入。

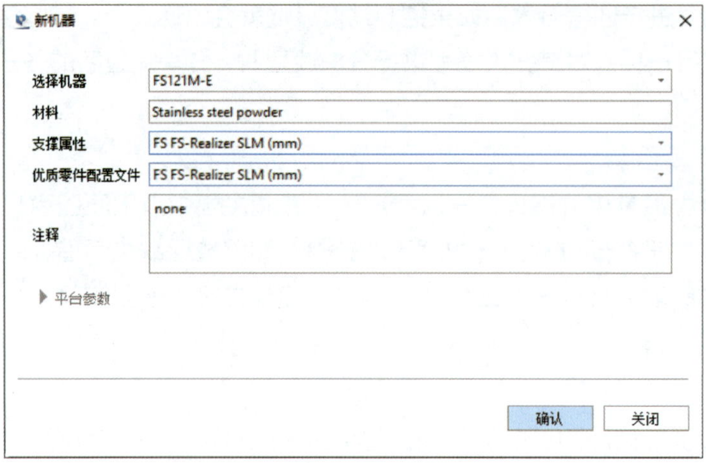
新机器
选择机器
FS121M-E
材料
Stainless steel powder
支撑属性
FS FS-Realizer SLM (mm)
优质零件配置文件
FS FS-Realizer SLM (mm)
注释
none
平台参数
确认
关闭

图 3-2-3 “新机器”对话框

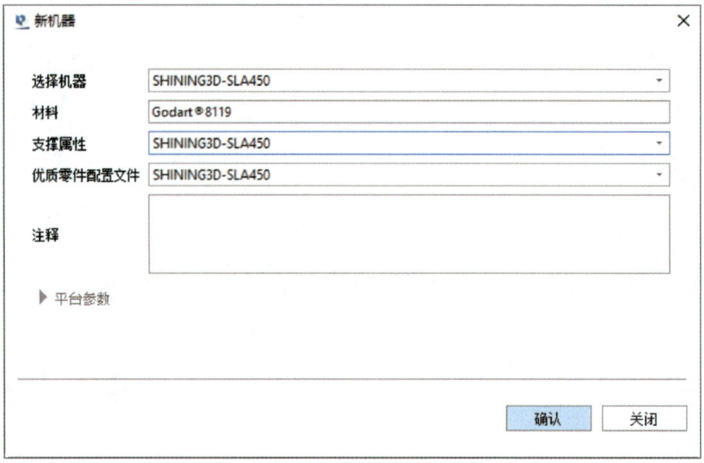
新机器
选择机器
SHINING3D-SLA450
材料
Godart®8119
支撑属性
SHINING3D-SLA450
优质零件配置文件
SHINING3D-SLA450
注释
平台参数
确认
关闭

图 3-2-4 选择相应设备

“加载新零件”按钮
快速查询(Shift + Q)
文件
工具
修复
纹理
位置
加工准备
生成支撑
分析 &
新平台
加载零件到视图
卸载平台
导出平台
从设计者视图创建新平台
复制视图
机器属性
移动零件到平台
保存视图/平台
更换机器
视图/平台
设计者视图
iSLA-450 (1)
iSLA-450 (2)

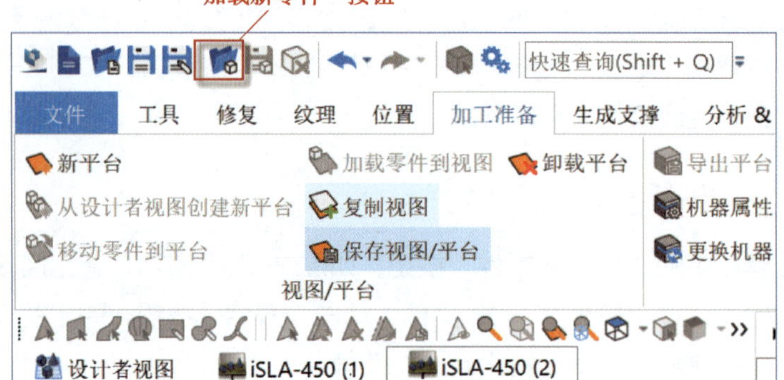

图 3-2-5 快捷工具栏中的“加载新零件”按钮

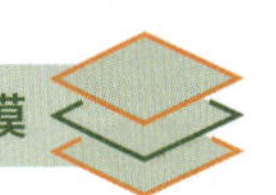

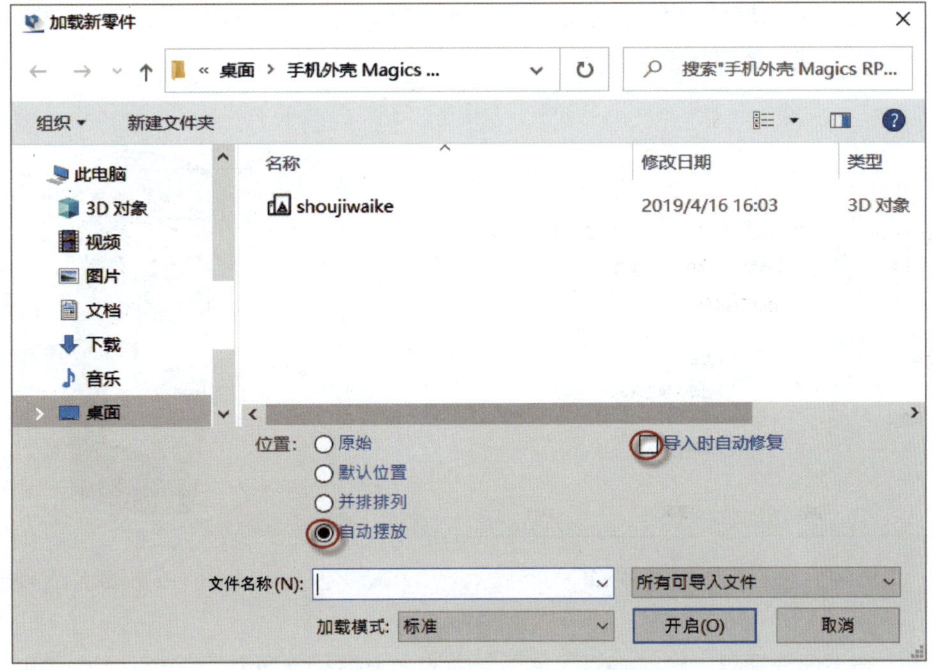

图 3-2-6 “加载新零件”对话框

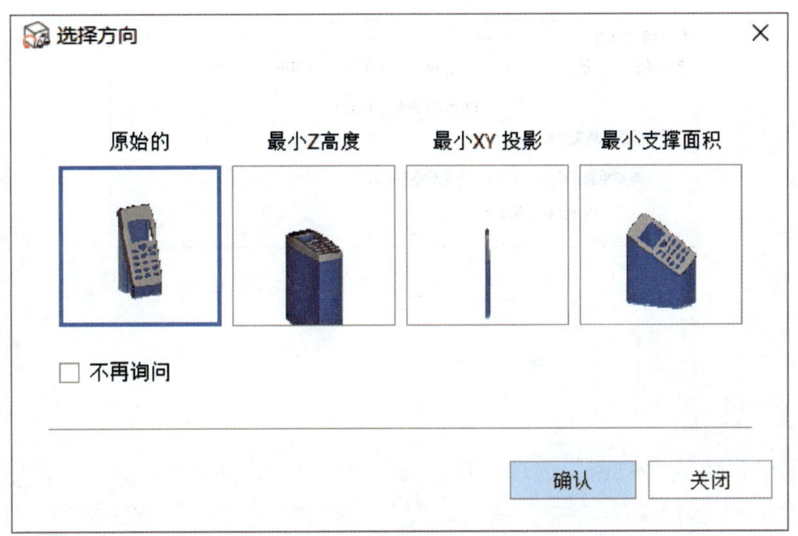

图 3-2-7 “选择方向”对话框

四、修复手机外壳模型

1. 单击右下角快捷菜单栏“修复工具页”中的“自动修复”选项卡，在选项卡中单击“自动综合修复”按钮，如图 3-2-8 所示，完成第一次修复。

2. 转动鼠标中键缩放模型，长按鼠标右键旋转模型，检查模型是否存在缺陷，如图 3-2-9 所示为出现三角面片重叠错误。

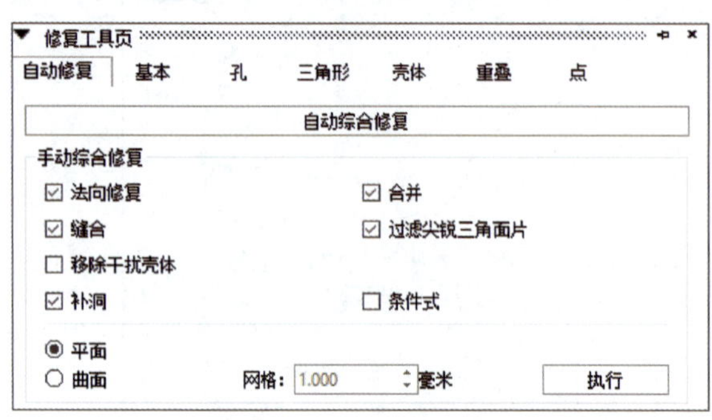

图 3-2-8　自动综合修复

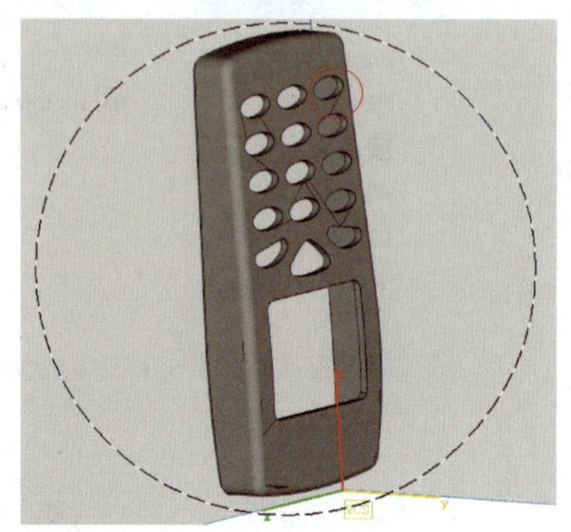

图 3-2-9　三角面片重叠错误

3. 单击右下角快捷菜单栏“修复工具页”中的“重叠”选项卡，在选项卡中单击“自动移除重叠三角面片”按钮，如图 3-2-10 所示，完成第二次修复。

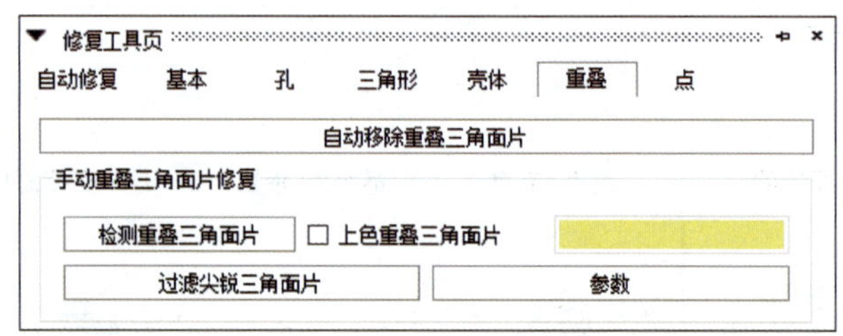

图 3-2-10　自动移除重叠三角面片修复

五、摆放模型

1. 单击菜单栏中的“位置”选项，在隐藏菜单中单击“自动摆放”按钮，弹出“自动摆放”对话框，在对话框中单击“摆放方案”下的“平台中心”单选按钮，如图 3-2-11 所示，单击“确认”按钮即将模型摆放到平台中心。

2. 单击菜单栏中的“位置”选项，在隐藏菜单中单击“旋转”按钮，弹出图 3-2-12 所示“旋转”对话框。在对话框中将 *X* 轴方向的旋转角度设置为“160.00”，如图 3-2-13 所示，单击“确认”按钮后手机模型摆放完成。

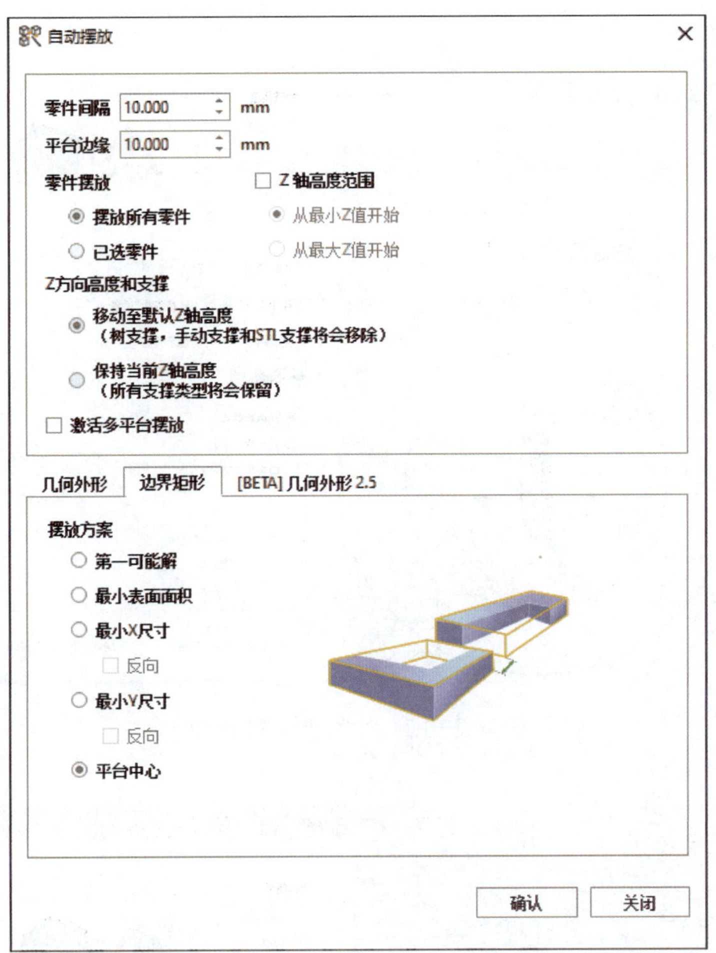

图 3-2-11 “自动摆放”对话框

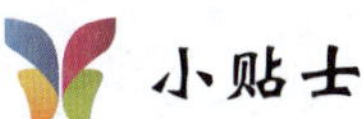

在弹出“旋转”对话框后，长按鼠标左键沿绿、黄、红线移动可手动调整手机模型的 X、Y、Z 旋转角度。

六、添加、修改、加固模型支撑

1. 添加支撑

单击菜单栏中的“生成支撑”选项，在隐藏菜单中单击“生成支撑”按钮，软件会进入支撑编辑页面，单击“显示所有支撑”按钮，模型显示如图 3-2-14 所示。

2. 修改支撑

（1）单击右侧快捷菜单栏“支撑工具页”中的“支撑列表”选项卡，在选项卡中单击

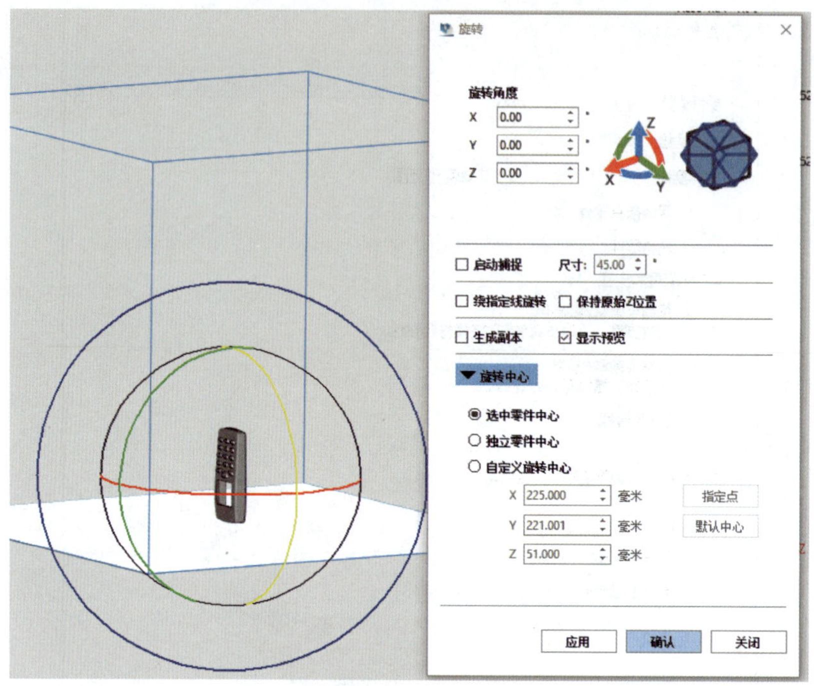

图 3-2-12 “旋转”对话框

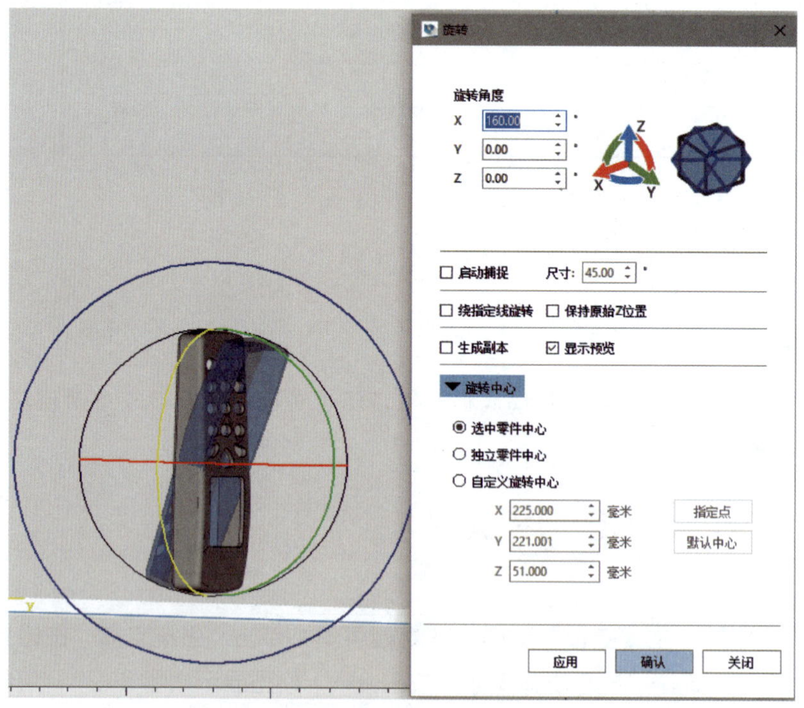

图 3-2-13 调整摆放位置

开启支撑筛选功能，设置筛选类型为“点”，按“Shift”键全选点状支撑，如图 3-2-15 所示。

图 3-2-14 添加并显示支撑

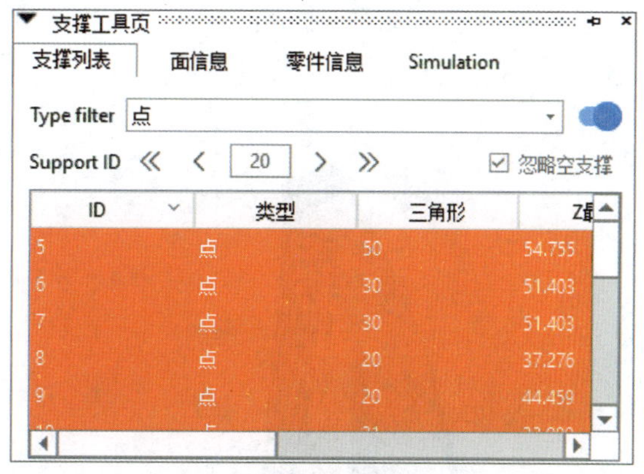

图 3-2-15 全选点状支撑

（2）单击右下角快捷菜单栏“支撑参数页”中的“类型”选项卡，将显示的点状支撑改为块状支撑，如图 3-2-16 所示。

（3）重复操作，筛选“线状”支撑改为“块状”支撑，筛选“线支撑 *”改为“无”支撑，零件最终的支撑添加效果如图 3-2-17 所示。

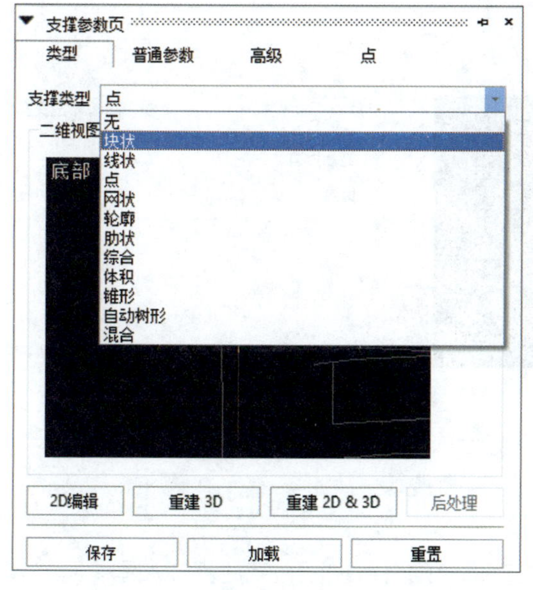

图 3-2-16 更改筛选出支撑的类型

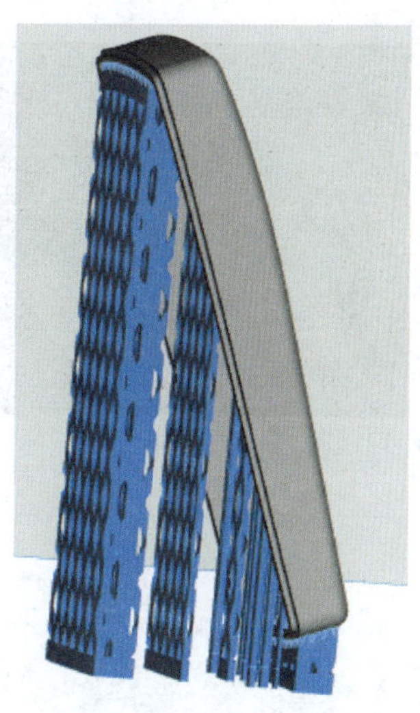

图 3-2-17 添加支撑的效果

3. 加固支撑

（1）单击右侧快捷菜单栏“支撑工具页”中的“支撑列表”选项卡，在选项卡中选择所需加固支撑，选定支撑变为黄色，如图 3-2-18 所示。

（2）选择右下角快捷菜单栏“支撑参数页”中的“类型”选项卡，单击“2D 编辑”按钮，如图 3-2-19 所示。进入“2D 编辑”对话框选择线状加固方式并给支撑分别绘制加固线，单击鼠标右键结束画线，如图 3-2-20 所示。单击对话框中的“关闭”按钮结束支撑加固。

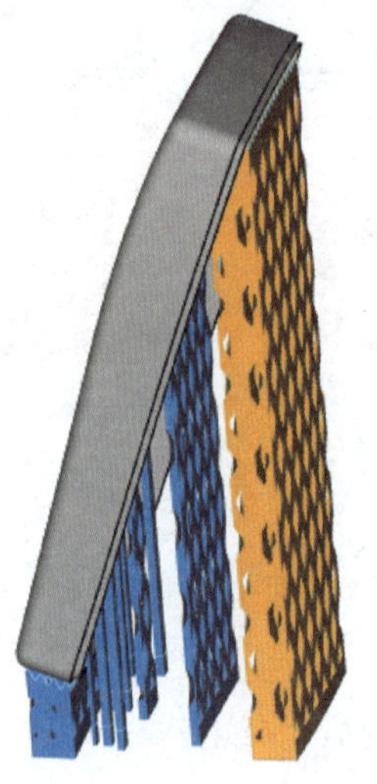

图 3-2-18　选定需加固支撑

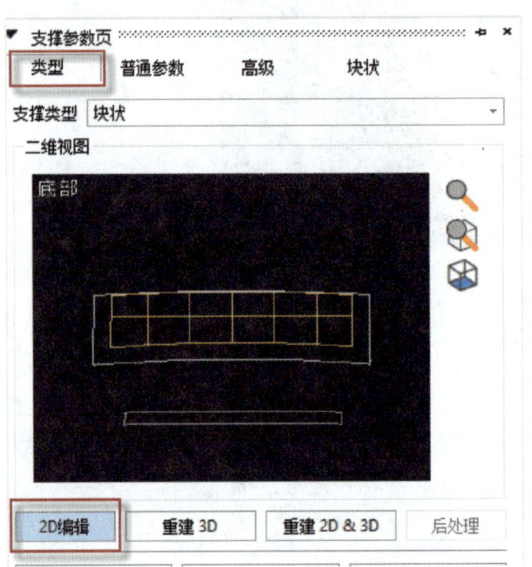

图 3-2-19　单击“2D 编辑”按钮

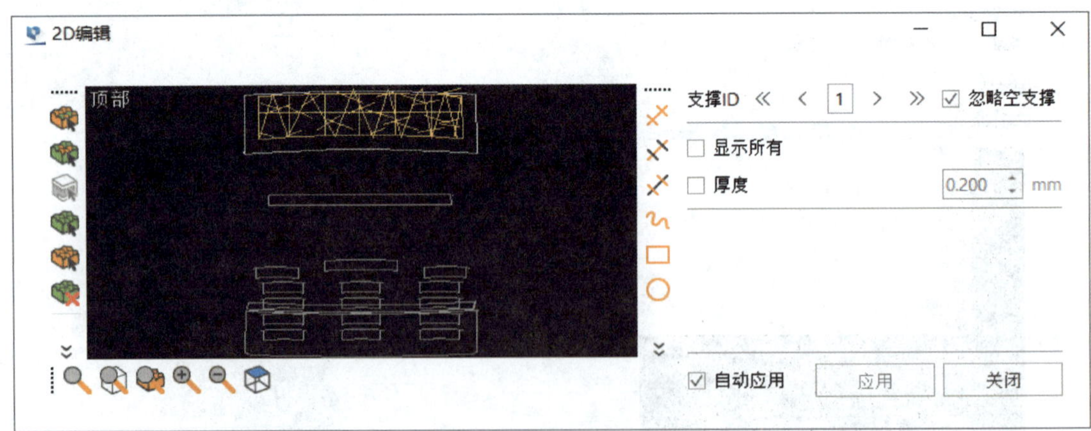

图 3-2-20　加固支撑

（3）重复操作，选择如图 3-2-21 所示的支撑分别进行加固，完成支撑加固。

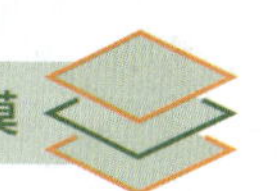

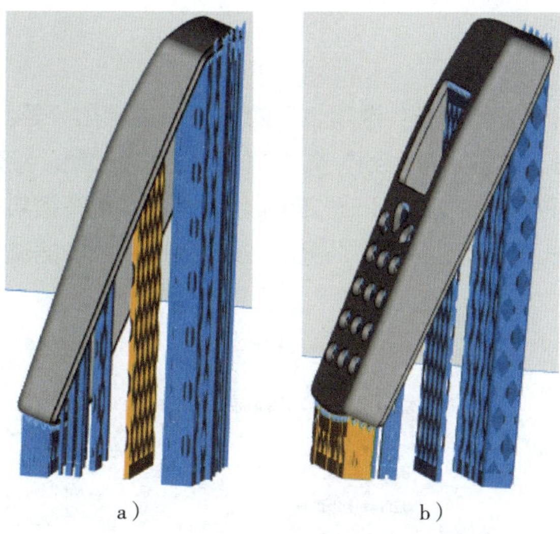

图 3-2-21　需要加固的支撑

（4）单击快捷工具栏中的“退出 SG”按钮，弹出图 3-2-22 所示对话框，单击“否”按钮，返回到模型编辑页面。

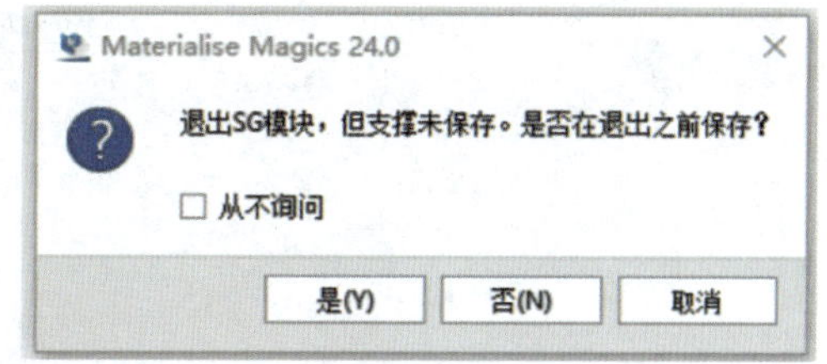

图 3-2-22　退出支撑编辑页面

七、校验模型支撑

1. 单击右侧快捷菜单栏“视图工具页”中的“多截面”选项卡，在选项卡中激活“ZV”面并将高度轴拖到最低，如图 3-2-23 所示。

2. 利用键盘上的“←”“→”方向键分层模拟打印过程，并结合鼠标中键缩放模型，观察添加的支撑是否合理，如图 3-2-24 所示。

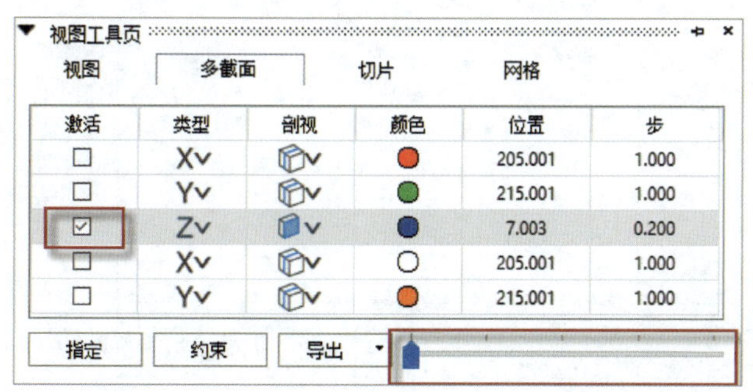

激活	类型	剖视	颜色	位置	步
☐	X			205.001	1.000
☐	Y			215.001	1.000
☑	Z			7.003	0.200
☐	X			205.001	1.000
☐	Y			215.001	1.000

图 3-2-23　激活“ZV”面

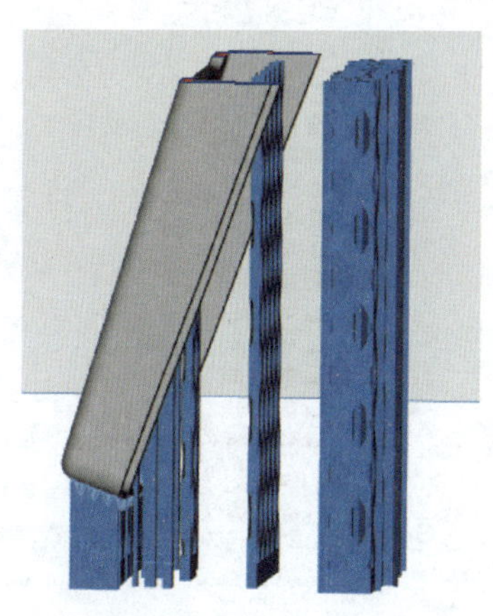

图 3-2-24　校验支撑

八、输出切片数据

1. 单击菜单栏中的“加工准备”选项，在隐藏菜单中单击“导出平台”按钮，弹出图 3-2-25 所示对话框。单击“导出到”文本框右侧的按钮，打开“选择资料夹”对话框，选择导出文件的保存位置，如图 3-2-26 所示。单击“选择资料夹”按钮完成文件保存位置的选择，如图 3-2-27 所示。单击“导出”按钮完成切片数据输出。

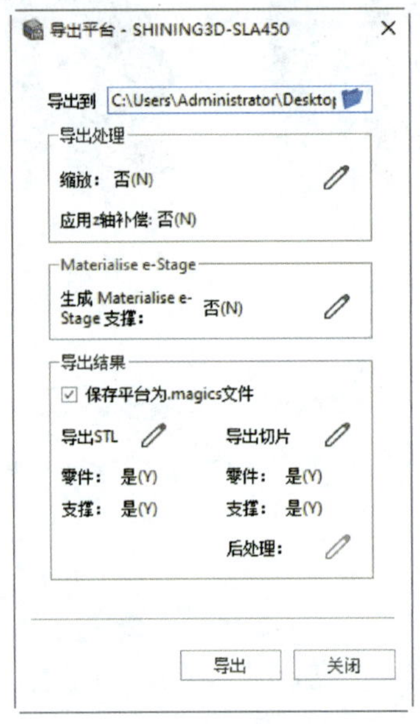

图 3-2-25 “导出平台”对话框

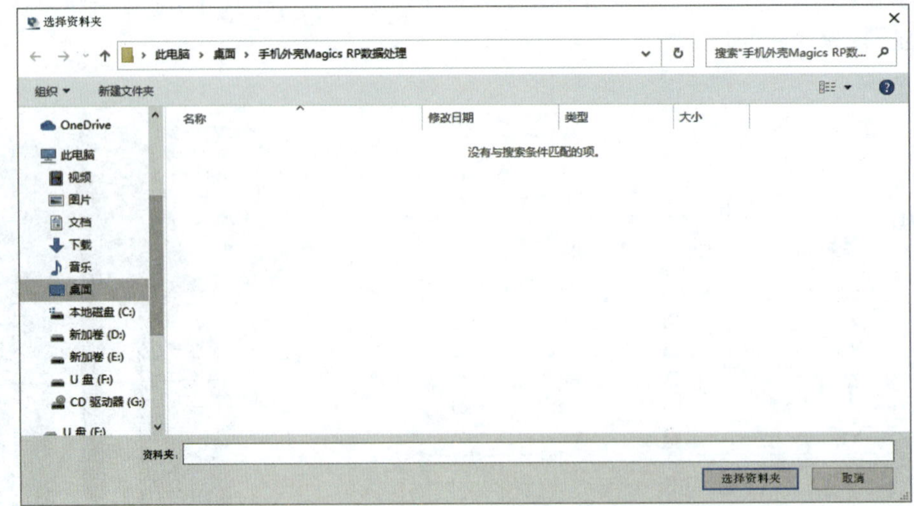

图 3-2-26 选择导出文件的保存位置

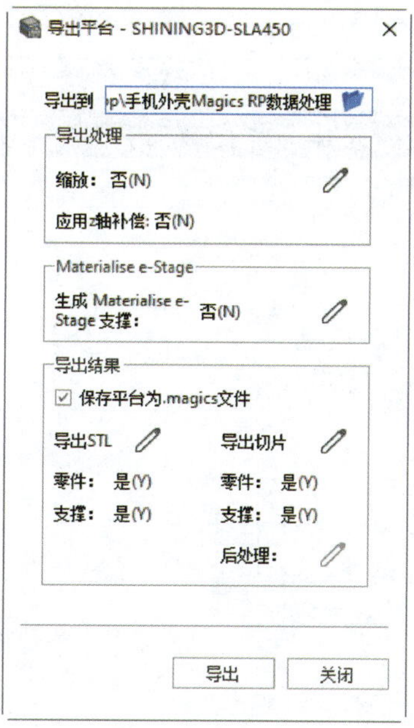

图 3-2-27　完成导出文件保存位置的选择

2. 找到刚保存的导出文件所在的文件夹，如图 3-2-28 所示，将该文件夹复制到 SLA 打印机上准备制作手机外壳。

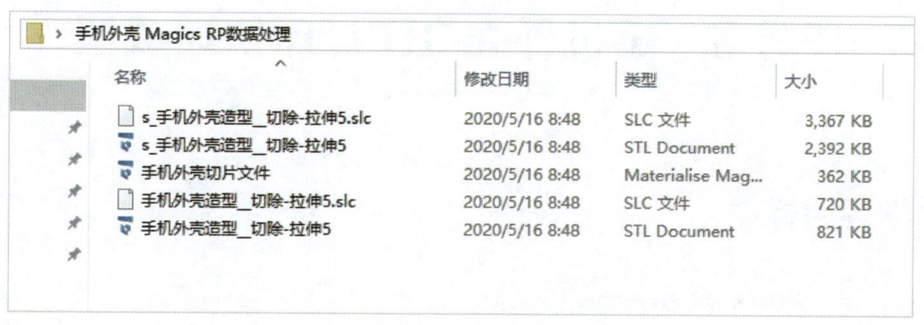

图 3-2-28　保存导出文件的文件夹

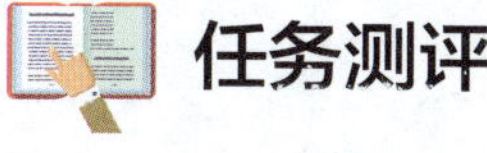

任务测评

按表 3-2-1 所列评价要点进行任务评价，并将结果填入表中。

▼ 表 3-2-1 任务评价表

班级		姓名		学号		日期	年 月 日
序号	评价要点					配分（分）	得分（分）
1	熟悉 STL 文件常见问题					10	
2	能熟练操作 Magics 软件					10	
3	能正确添加工作平台					10	
4	能对模型进行修复					10	
5	能完成数据支撑的添加和修改					20	
6	能正确输出切片数据					10	
7	安全意识、责任意识强					6	
8	积极参加学习活动，按时完成各项任务					6	
9	团队合作意识强，善于与人交流和沟通					6	
10	自觉遵守劳动纪律，不迟到、不早退，中途不离开实训现场					6	
11	严格遵守“6S”管理要求					6	
小结建议					总计	100	

任务 3　手机外壳 3D 打印快速成型

学习目标

1. 掌握立体光固化成型设备的结构组成。
2. 能熟练操作立体光固化成型设备。
3. 能熟练操作 UV 固化箱。
4. 能对立体光固化成型产品进行后处理。

任务引入

立体光固化成型（SLA）技术是目前应用最为广泛的一种 3D 打印快速成型技术。该技术以光敏树脂为原料，在计算机控制下用激光或紫外线光束以预定零件各分层截面的轮廓为轨迹对液态光敏树脂进行逐点扫描，使被扫描区的树脂薄层产生光聚合反应，从而形成零件

的一个薄层截面。本任务利用立体光固化成型技术制造图 3-0-1 所示手机外壳原型件并进行必要的产品后处理。

相关知识

一、立体光固化成型设备

立体光固化成型设备虽然机械运动相对比较简单，但是却涉及机械运动设计、光学设计、液体循环以及恒温控制等多方面的技术。其整体结构及功能要求高度的集成化、自动化以及智能化，以期形成一个高柔性的独立制造单元；要求面向用户的易操作性及维护性；同时作为工业化的设备，要求在保证高质量、高可靠性、低成本的前提下，外形美观。如图 3-3-1 所示为先临三维 iSLA-450 Pro 型 3D 打印机，其为工业级立体光固化成型设备。

立体光固化成型设备主要由激光器、扫描器、立板、网板、沉块、树脂槽、反射镜、光路板、刮平装置等组成，如图 3-3-2 所示。立体光固化成型设备主要部件的功能见表 3-3-1。

图 3-3-1　先临三维 iSLA-450 Pro 型 3D 打印机

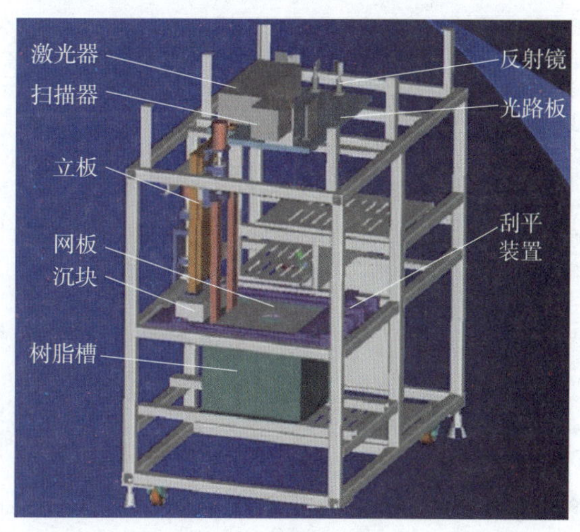

图 3-3-2　立体光固化成型设备结构

▼ 表 3-3-1　立体光固化成型设备主要部件的功能

序号	部件名称	功能
1	激光器	提供立体光固化光源
2	扫描器	使激光实现 X、Y 方向扫描
3	立板	用于固定 Z 方向工作台和液位调整系统

续表

序号	部件名称	功能
4	网板	用于支撑快速成型制件
5	沉块	用于调整液位，保证 *X*、*Y* 方向扫描精度
6	树脂槽	用于盛装液态光敏树脂
7	反射镜	用于光路调整
8	光路板	用于控制光学系统
9	刮平装置	真空吸附刮平装置，用于保证层厚度

二、立体光固化成型控制软件 3D-Rapidise

在利用立体光固化成型设备制作原型件前，必须先根据用户所需的零件设计出 CAD 模型，再将 CAD 模型转换成立体光固化成型设备能够使用的数据格式，最终通过控制软件控制设备的加工运行。如图 3-3-3 所示为成型数据准备流程。

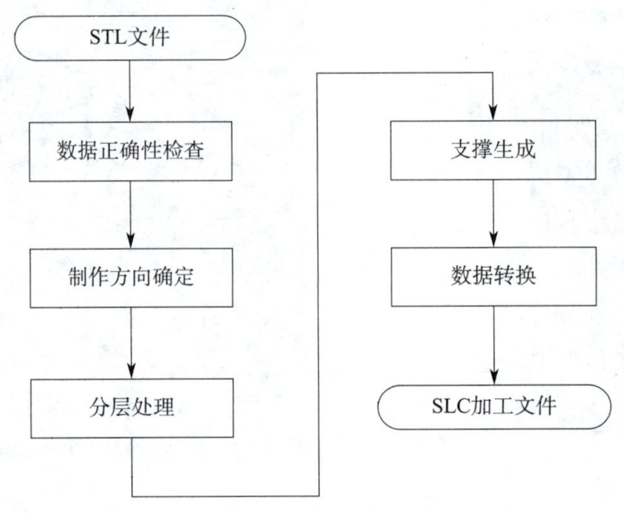

图 3-3-3　成型数据准备流程

立体光固化成型控制软件 3D-Rapidise 完成成型及所有运动的集中控制、加工参数的设定、加工状况的检测与监测（树脂温度、激光功率、液面位置），以及各部分的安全互锁等。如图 3-3-4 所示为 3D-Rapidise 软件的工作界面，主要由菜单栏、工具栏、工艺信息栏、零件层监控区、进程显示区等组成。

1. 菜单栏提供机器控制、打印工艺参数设置、轴控参数设置、仿真参数设置、状态监控等命令。

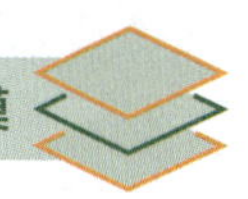

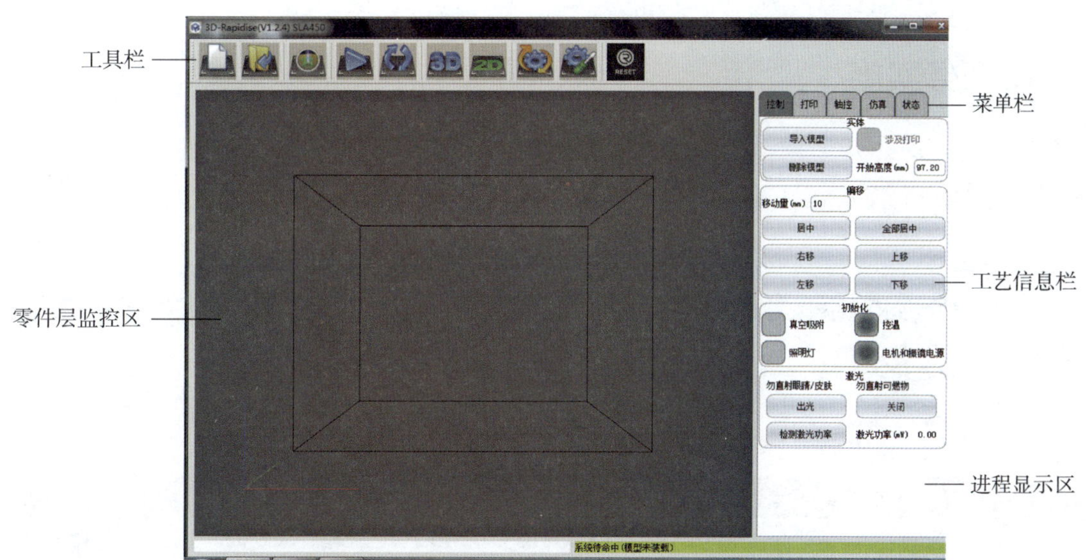

图 3-3-4　3D-Rapidise 软件的工作界面

2. 工具栏提供常用的文件操作和参数设置命令。

3. 工艺信息栏显示菜单下的各种工艺和参数。

4. 进程显示区主要提示机器运行进程。

5. 零件层监控区可以实时显示当前层的加工过程。

三、立体光固化材料——光敏树脂

目前用于立体光固化的树脂有自由基型、阳离子型以及混杂型三种。

自由基型立体光固化树脂的优点是固化速度快、黏度低、成本低，基本能满足快速成型要求，其化学原理是通过加成反应将双键转化为共价单键。

阳离子型立体光固化树脂属于第二代树脂，它具有体积收缩小、黏度低、附着力强等优点，特别适合用于需要高精度的立体光固化成型技术；缺点是固化速度慢，容易受碱和湿气的影响，且价格高。

鉴于自由基型和阳离子型树脂各自的优缺点，将两者结合，即成为自由基 - 阳离子混杂型光固化树脂，该类树脂得到了广泛的研究和认可。

随着立体光固化成型技术的快速发展，目前对立体光固化树脂类型也提出了更高的要求，新的树脂类型也将不断推出，出现了制作高强度、耐高温、防水等功能零件的树脂。而立体光固化感光树脂进一步发展的趋势可以总结为：树脂应具有更低的黏度、更高的固化速度和低的体积收缩性，并能保证零件的成型精度；树脂成型后具有更好的力学性能，特别是柔韧性和冲击韧性；树脂零件具有高强度、高硬度，可以广泛应用于各个领域；树脂更为绿色环保，无毒害；开发出具有生物相容性的树脂，可以用来做生物活性材料。

任务实施

一、任务准备

1. 车间准备

根据任务要求联系真空复模车间管理员，提前准备相应的设备、工具、材料及防护用品等，见表 3-3-2。

▼ 表 3-3-2　设备、工具、材料及防护用品清单

序号	类别	准备内容
1	设备	iSLA-450 Pro 型 3D 打印机、UV-450 型固化箱、喷砂机、手持电动打磨机等
2	工具	铲刀、毛刷、清洁布、油石条、游标卡尺、砂纸等
3	材料	光敏树脂、酒精等
4	防护用品	工作服、防护手套、护目镜、防毒口罩、工作帽以及必要的急救药品（如洗眼水、创可贴、碘伏、眼药水）等

2. 分组

根据班级人数分成若干组（一组 4～6 人最佳），并选出一名组长，同组人员对操作、观察、记录与总结等进行分工，组长负责领取工量具、耗材等。

3. 强化安全文明生产意识

实训前认真学习相关设备安全操作规程，实训时严格执行安全操作规程，强化安全理念，树立安全意识。

二、安全文明生产检查

以小组为单位进行安全自检，并将结果记录在表 3-3-3 中。

▼ 表 3-3-3　安全检查表

班级		姓名		学号		日期	年　月　日
自检项目						记录	
检查工作服是否已穿好						是 □　否 □	
检查身上饰物是否已摘掉						是 □　否 □	
检查鞋子是否防滑、防扎、防砸						是 □　否 □	
检查工作帽、护目镜、防护手套、防毒口罩等佩戴是否正确						是 □　否 □	
检查是否已把长发盘起并放入工作帽内						是 □　否 □	

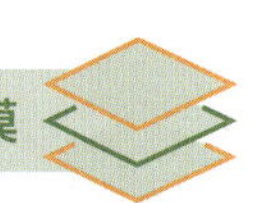

三、立体光固化加工手机外壳

1. 立体光固化成型设备准备

本任务使用先临三维 iSLA-450 Pro 型 3D 打印机。接通立体光固化成型设备电源后，将任务 2 导出的手机外壳 RP 数据复制到立体光固化成型设备的计算机中，双击图标，打开立体光固化成型控制软件。启动立体光固化成型设备，单击菜单栏中的“控制”选项卡，在选项卡中单击选中“照明灯”复选框 照明灯，如图 3-3-5 所示，开启工作台面灯光，清理工作台面，检查树脂液面。

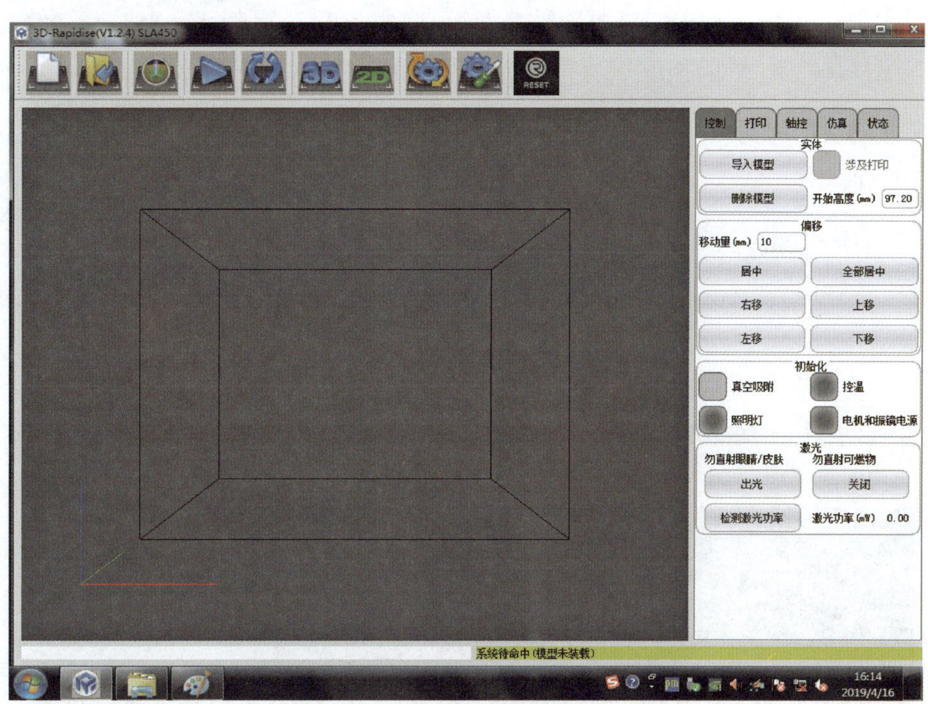

图 3-3-5　开启工作台面灯光

2. 导入手机外壳 RP 数据

单击菜单栏中的“控制”选项卡，在选项卡中单击“导入模型”按钮 导入模型，找到手机外壳 RP 数据文件夹，如图 3-3-6 所示，全选显示文件后单击“打开”按钮，完成手机外壳 RP 数据的导入。

3. 打印前立体光固化成型设备自检

（1）单击工具栏中的“打印准备”按钮，开始立体光固化成型设备自检过程，如图 3-3-7 所示。

（2）如果系统提示激光功率偏低或激光功率偏高，如图 3-3-8 所示，则打开设备机箱，

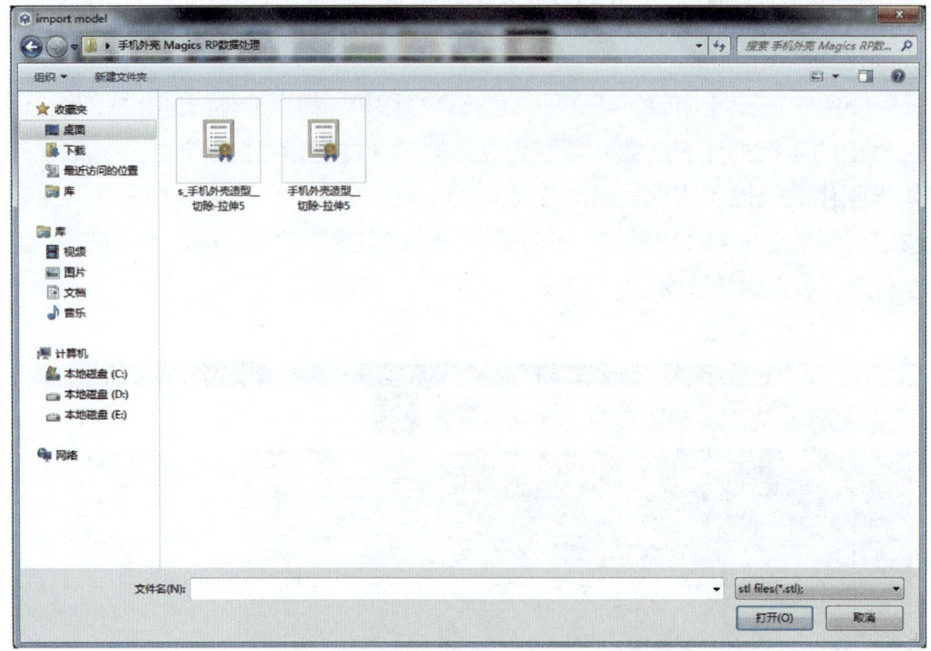

图 3-3-6　找到手机外壳 RP 数据文件夹

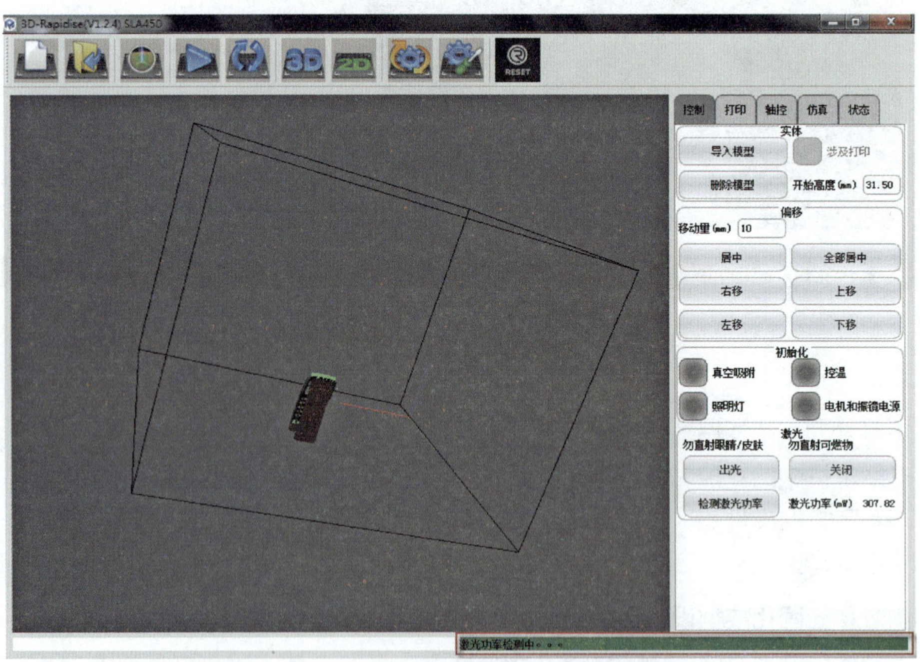

图 3-3-7　立体光固化成型设备自检

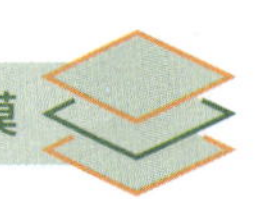

找到激光器操作键盘，如图 3-3-9 所示。按两次激光器操作键盘上的主菜单按键 MENU↑，屏幕进入激光功率因子调节页面，如图 3-3-10 所示。通过按增加键 ADJ + 和减少键 ADJ − 可以调节激光功率因子数值，确保激光器输出功率为 300 mV。调节完成后单击“确定”按钮自检继续。

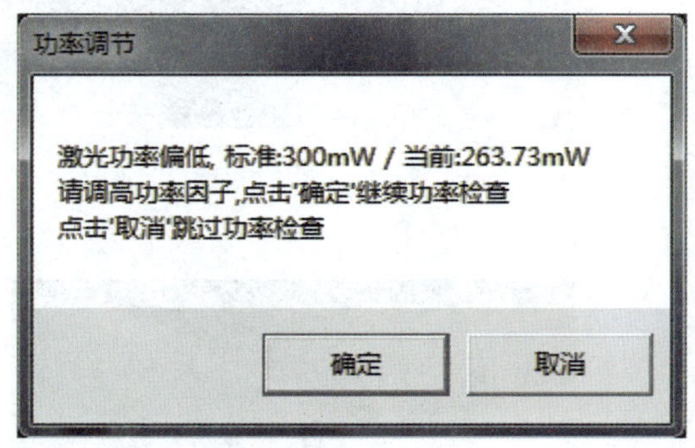

a）

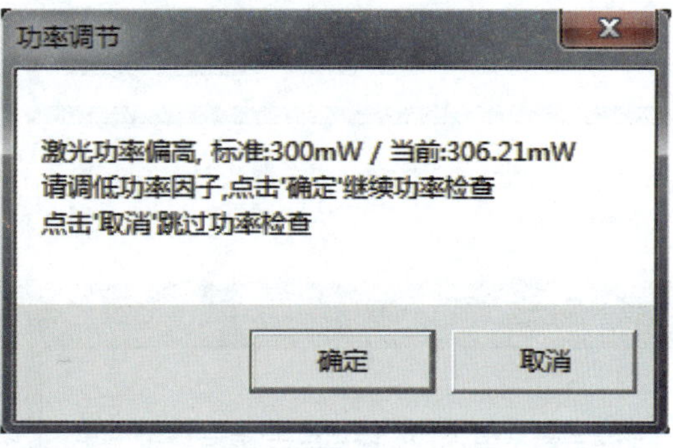

b）

图 3-3-8　激光功率存在偏差提示

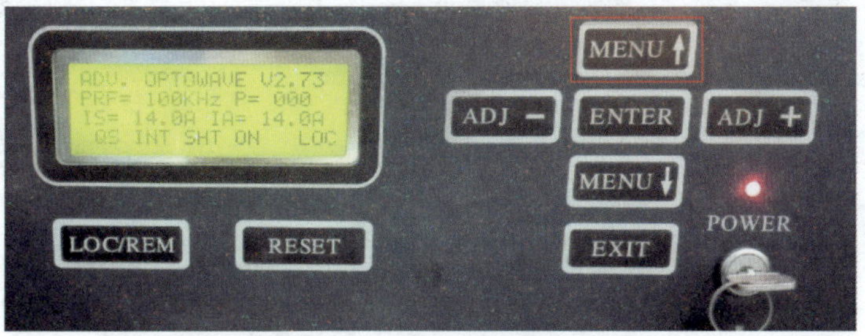

图 3-3-9　激光器操作键盘

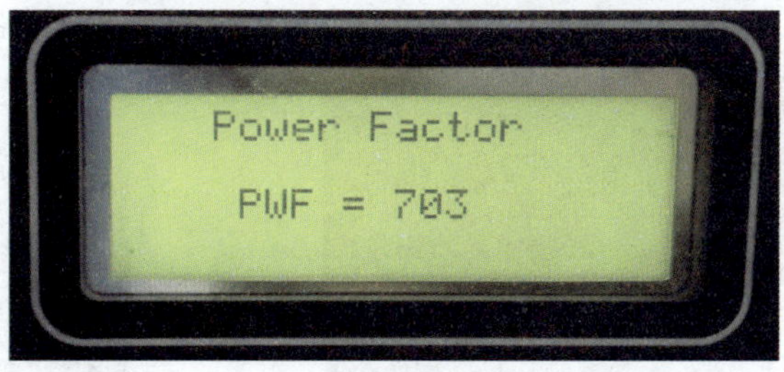

图 3-3-10　激光功率因子调节页面

（3）如果系统提示清理刮刀，如图 3-3-11 所示，则使用油石条清理刮刀，如图 3-3-12 所示。清理完后单击“确定”按钮自检继续。

（4）如果系统提示树脂余量不足，如图 3-3-13 所示，则添加适量树脂，如图 3-3-14 所示。添加完后单击“确定”按钮自检继续。

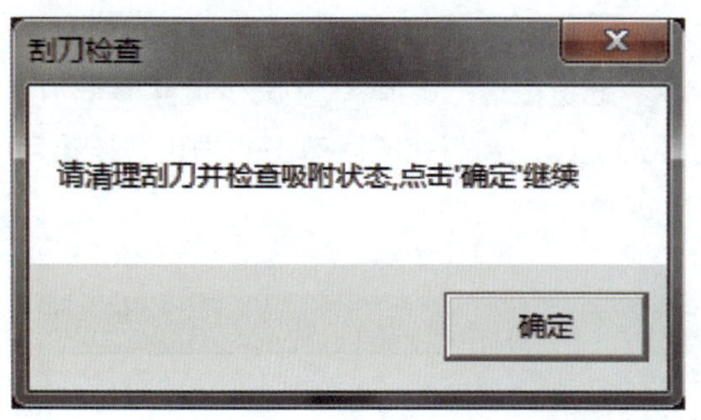

图 3-3-11 “刮刀检查”提示框

图 3-3-12 清理刮刀

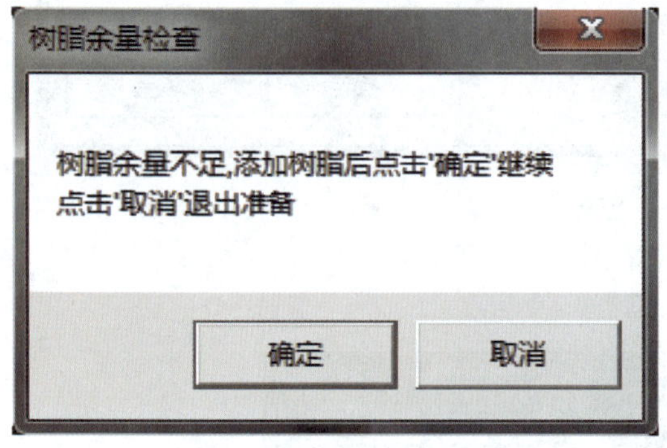

图 3-3-13 “树脂余量检查”提示框

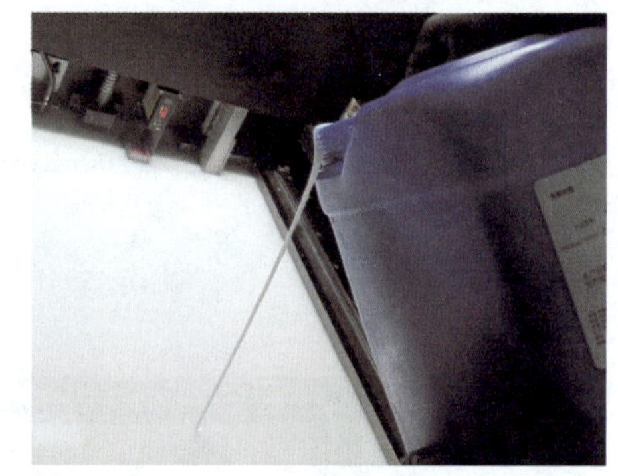

图 3-3-14 添加树脂

4. 立体光固化打印

（1）自检完成后，单击工具栏中的“重新开始”按钮，开始打印工件，如图 3-3-15 所示。

（2）打印完成后，使用铲刀从工作台铲下工件，如图 3-3-16 所示。

图 3-3-15 立体光固化打印工件

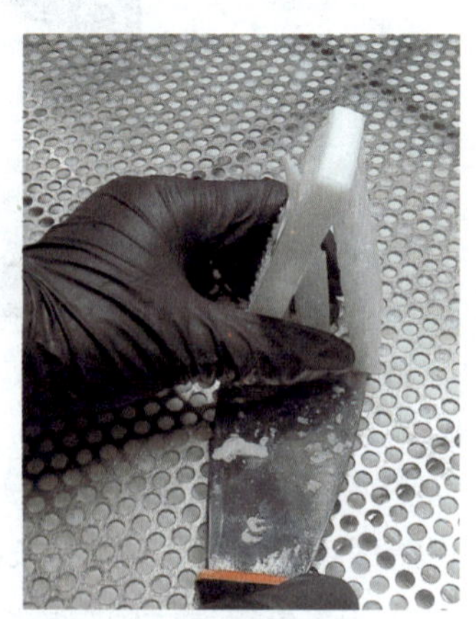

图 3-3-16 铲下工件

四、工件后处理

1. 去除支撑与清洗

（1）打印完工件后，将工件放在一洗酒精清洗桶中去除支撑并完成第一次清洗，如图 3-3-17 所示。

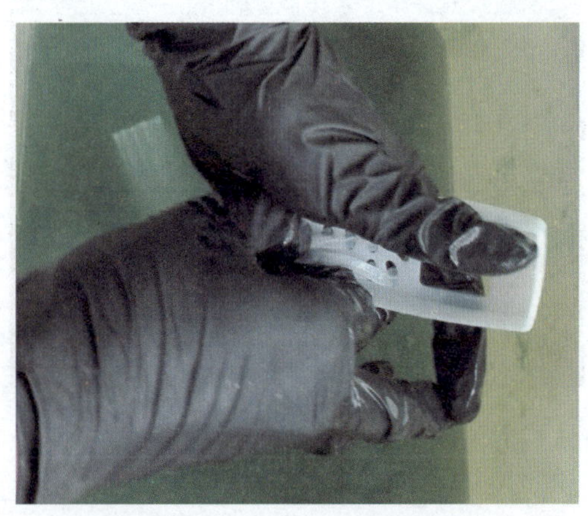

图 3-3-17　去除支撑

（2）在二洗酒精清洗桶中用毛刷或牙刷清洗工件表面树脂，如图 3-3-18 所示。

（3）用干净酒精喷洗工件，如图 3-3-19 所示。

图 3-3-18　用毛刷清洗工件表面

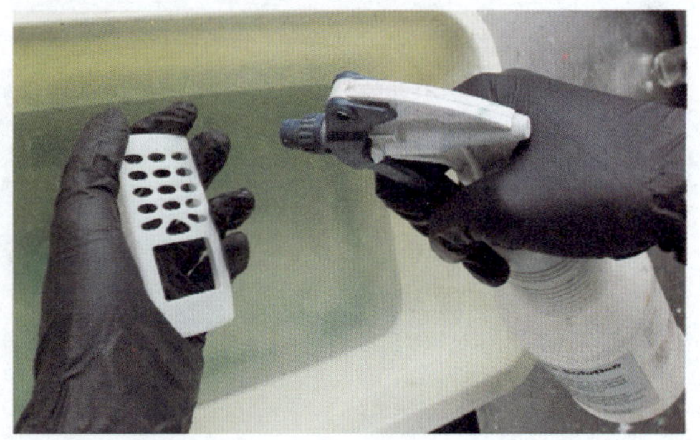

图 3-3-19　用干净酒精喷洗工件

小贴士

（1）为节约酒精，酒精清洗桶可分为一洗、二洗、三洗：一洗主要去支撑；二洗主要清洗工件表面树脂；三洗时用干净酒精冲洗表面液体。

（2）选用浓度为 97% 的工业酒精清洗效果更佳。

2. 紫外线固化

本次固化采用 UV-450 型固化箱，如图 3-3-20 所示，固化步骤见表 3-3-4。

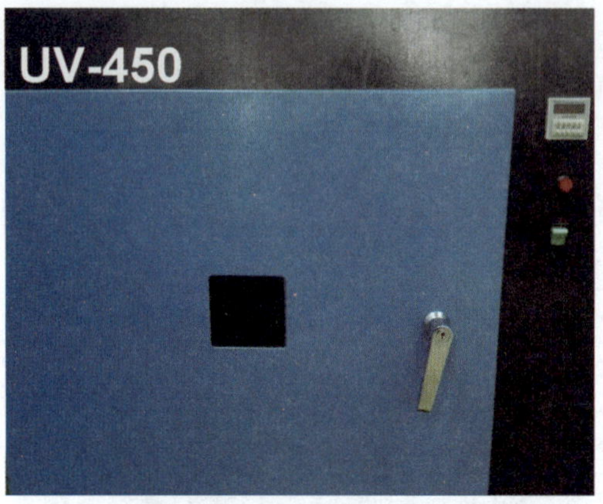

图 3-3-20　UV-450 型固化箱

▼ 表 3-3-4　紫外线固化步骤

步骤	图示
1. 清洗完后，将工件放入 UV 固化箱进行二次固化	
2. 合上固化箱门，将固化时间设置为 15～25 min	

续表

步骤	图示
3. 打开电源开关，电源灯亮，开始二次固化	

3. 打磨抛光处理

由于去除支撑时会在零件表面留下痕迹，因此要用电动打磨机或砂纸轻轻打磨零件表面以使其光滑平整。

根据原型件需要，先用 400 目水磨砂纸打磨工件表面，如图 3-3-21 所示。孔位置可用电动打磨机打磨，如图 3-3-22 所示。再用 600 目的水磨砂纸打磨一遍，磨出 600 目水磨砂纸的打磨效果后将打磨好的原型件用气枪吹干净，固定在竹签上，进行喷灰处理。注意要一边打磨一边测量，如图 3-3-23 所示，根据图 3-0-1 控制好工件尺寸。

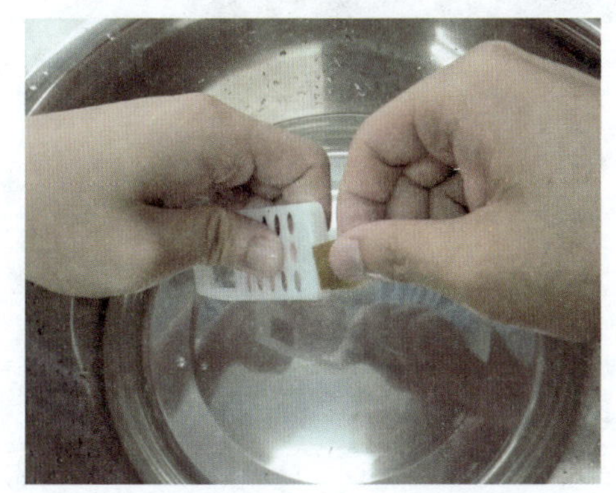

图 3-3-21　打磨工件表面

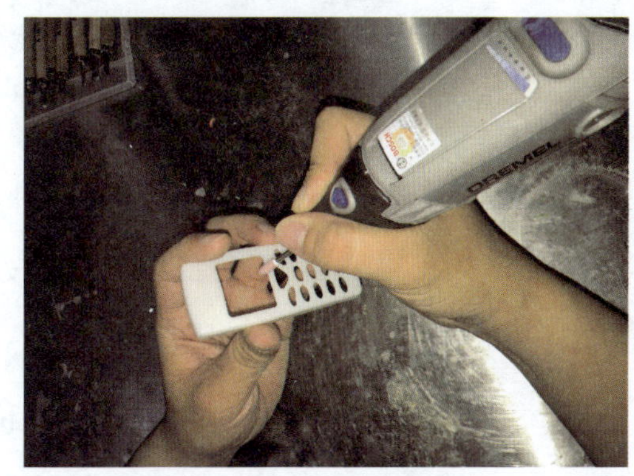

图 3-3-22　打磨工件孔

将喷灰后的原型件放在避风的地方自然阴干，再使用 1 200 目的水磨砂纸将原型件轻轻地打磨一遍，切记不可将表面的原子灰全部磨掉，打磨好后再用气枪吹干净。

将原型件放入喷砂机中抛光打磨，再用气枪吹干净，如图 3-3-24 所示。

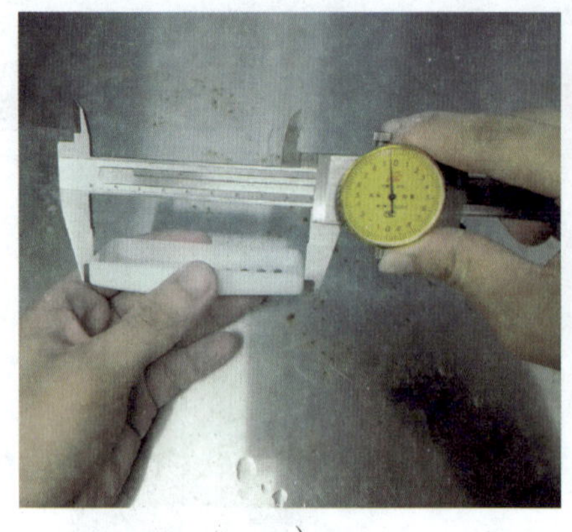
a）

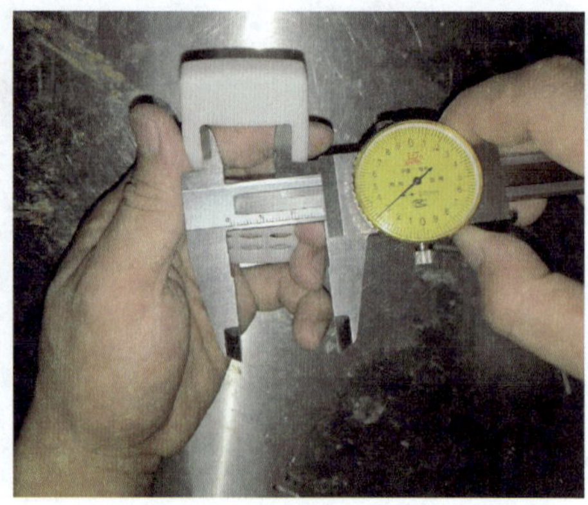
b）

图 3-3-23 测量原型件

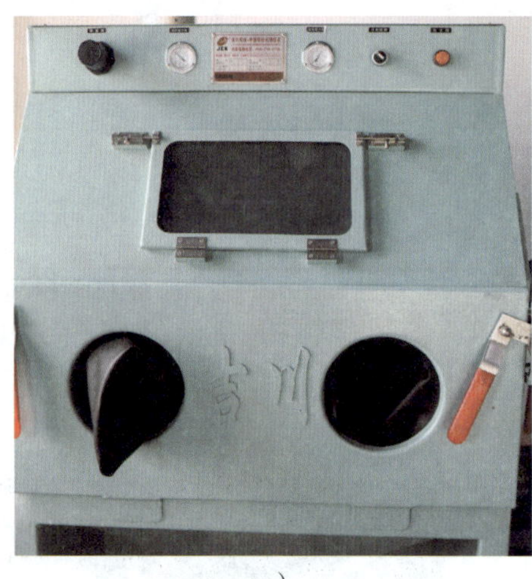
a）

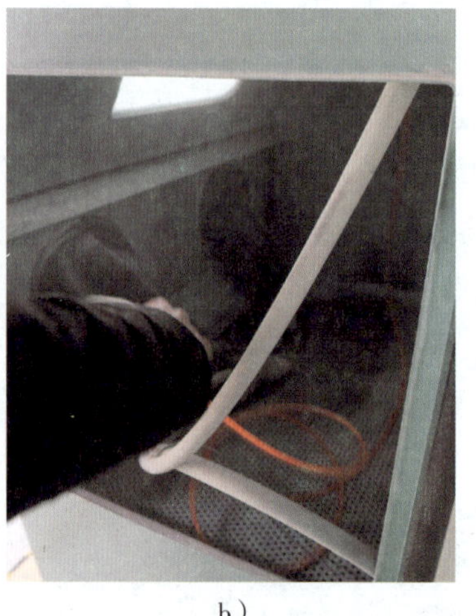
b）

图 3-3-24 喷砂抛光打磨

任务测评

按表 3-3-5 所列评价要点进行任务评价，并将结果填入表中。

表 3-3-5 任务评价表

班级		姓名		学号		日期	年 月 日
序号	**评价要点**					**配分（分）**	**得分（分）**
1	掌握立体光固化成型设备的结构组成					15	
2	能熟练操作立体光固化成型设备					20	

续表

序号	评价要点		配分（分）	得分（分）
3	能熟练操作 UV 固化箱		20	
4	能对 SLA 产品进行后处理		15	
5	安全意识、责任意识强		6	
6	积极参加学习活动，按时完成各项任务		6	
7	团队合作意识强，善于与人交流和沟通		6	
8	自觉遵守劳动纪律，不迟到、不早退，中途不离开实训现场		6	
9	严格遵守“6S”管理要求		6	
小结建议		总计	100	

知识拓展

水磨砂纸

1. 水磨砂纸的定义

水磨砂纸又称耐水砂纸或水砂纸，是一种供浸水打磨或在水中打磨的材料，用以研磨金属、塑料件等表面，使其光洁平滑。

2. 水磨砂纸的组成

水磨砂纸是以耐水纸或经处理而耐水的纸为基体，以油漆或树脂为黏结剂，将刚玉或碳化硅磨料牢固地粘在基体上而制成的一种磨具，其形状有页状和卷状两种。

3. 水磨砂纸的分类

（1）按照磨料分，可分为棕刚玉砂纸、白刚玉砂纸、碳化硅砂纸、锆刚玉砂纸等。

（2）按照黏结剂分，可分为普通黏结剂砂纸和树脂黏结剂砂纸。

4. 水磨砂纸的特点

水磨砂纸质感比较细，适合打磨一些纹理较细腻的产品，而且适合于后加工。水磨砂纸的砂粒之间间隙较小，磨出的碎末也较小，和水一起使用时碎末会随水流出，所以要和水一起使用。如果拿水磨砂纸干磨，碎末就会留在砂粒的间隙中，使砂纸表面变光从而失去它原有的效果，而干砂纸的沙粒之间间隙较大，磨出来的碎末也较大，它在打磨的过程中会掉下来，所以不需要和水一起使用。

5. 水磨砂纸的型号

砂纸型号是指磨料的粒度，即单位面积内的磨料颗粒数，单位是目。目越高，磨料越细，数量越多。一般 800 目以下的为粗砂，做粗抛光，1 000 目以上的做精抛光。常用水磨砂纸的型号有 400 目、600 目、1 000 目、1 200 目、1 500 目、2 000 目。

任务 4　手机外壳的真空复模生产

学习目标

1. 熟悉原型件的固定方法。
2. 掌握硅胶模具的生产注意事项。
3. 能熟练设计分型面、浇注口和排气孔。
4. 能熟练设计合理的模框。
5. 能熟练制作硅胶模具。
6. 能按要求选择材料并计算浇注材料质量，利用硅胶模具进行真空复模生产。

任务引入

前面任务完成了手机外壳原型件的 3D 打印快速制作，本任务主要利用手机外壳原型件进行硅胶模具制作并利用该硅胶模具进行浇注复制原型件。

相关知识

一、原型件的固定方法

硅胶模具制作是在真空状态下将液态硅胶浇注到模框内，液态硅胶在真空负压的状态下释放气泡，并牢固地贴附在原型件表面。因此将硅胶灌注到模框前，必须将原型件固定，否则原型件会在浇注硅胶过程中任意移动，导致硅胶模具制作失败。常用原型件的固定方法有横梁固定法和底板固定法。

1. 横梁固定法

用 502 胶水将预留浇注口棒和原型件粘牢固，用一块木板或胶板开个与预留浇注口棒直径相同的孔作为横梁，让预留浇注口棒穿入并粘牢，使原型件悬空于模框中，以防在硅胶浇注、脱泡时发生脱落或移动。如图 3-4-1 所示为横梁固定法示意图。

2. 底板固定法

底板固定法是将原型件通过分浇道粘在浇注口棒上，直接将浇注口棒粘在底板上的固定方法。如果强度不够可增加其他细 ABS 棒料，其成形孔可作为真空浇注排气孔使用，如

图 3-4-2 所示。此方法操作简单，固定可靠。

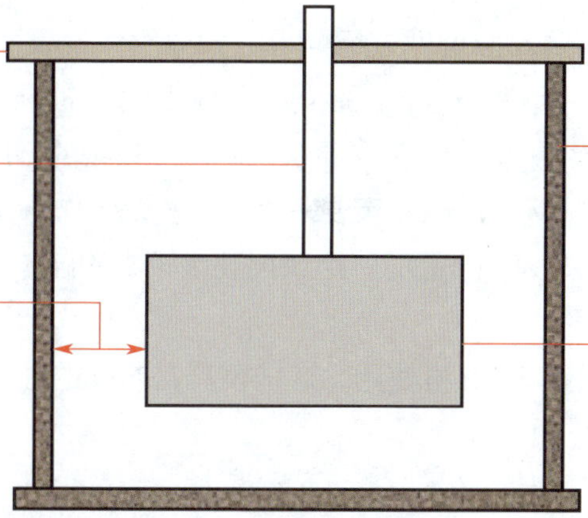

横梁
预留浇注口棒
模框
20～30mm
原型件

a）

b）

图 3-4-1　横梁固定法

a） 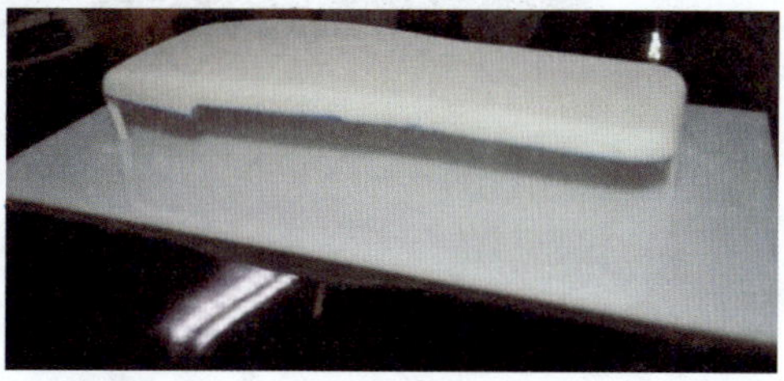　　b）

图 3-4-2　底板固定法

二、硅胶模具生产注意事项

1. 硅胶主胶与固化剂搅拌均匀后，进行抽真空排气泡时，要根据硅胶特性要求抽真空，时间不宜太长。如果抽真空时间太长，硅胶会马上固化，产生交联反应，使硅胶结块，无法进行灌注，造成硅胶浪费。

2. 在制作硅胶模具前要对原型件进行处理，如果原型件表面比较粗糙或做很复杂的模具，一定要认真打磨光滑，清洗干净，然后再均匀刷上脱模剂。

3. 做小件产品或花纹精细的产品时，建议采用硬度较小的硅胶来制作模具，因为精密细小的产品在脱模时易出现损坏，所以一定要采用软硅胶来制作。

4. 做大量产品复制或做大件产品时，建议用硬度较大的硅胶，这样能确保做出的模具不易变形。

5. 做好的模具最好放置 24 h 再使用，这样模具各方面的性能会比较稳定，可增加翻模次数。

三、一浇多模

在真空复模产品材质相同的情况下，可以采用同时浇注多套模具的方法，有效地节约复模时间，提高生产效率。如图 3-4-3 所示为双注和四注漏斗连接器，图 3-4-4 所示为一浇四模的模具安装图。

图 3-4-3　双注和四注漏斗连接器

任务实施

一、任务准备

1. 车间准备

根据任务要求联系真空复模车间管理员，提前准备相应的设备、工具、材料及防护用品等，见表 3-4-1。

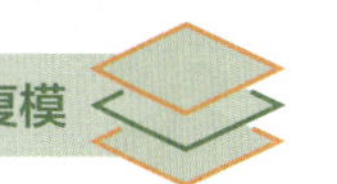

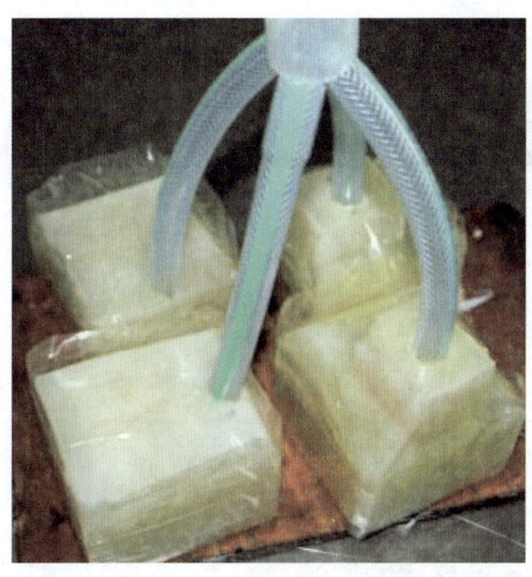

图 3-4-4 一浇四模的模具安装图

▼ 表 3-4-1 设备、工具、材料及防护用品清单

序号	类别	准备内容
1	设备	空气压缩机、真空注型机、恒温鼓风干燥箱、电子秤等
2	工具	剪刀、手术刀、压刀、镊子、记号笔、钢锯、锉刀、台虎钳、尖嘴钳、铲刀、钢直尺、钢直角尺、排气针筒、热熔胶枪、气枪、料盆、A 料杯、B 料杯、一次性 B 料杯、一次性漏斗、手电筒、开模钳、大力钳、搅拌铲、水口钳、漏斗连接器、进料管、排气针、主浇道切刀、毛刷、清洁布、工业测温枪、计时器等
3	材料	防水胶带、道康宁 T4 硅胶、502 胶水、透明胶带、胶棒、ABS 板、ABS 棒、亚克力板或木板、砂纸、Hei-Cast 8150 树脂、脱模剂、酒精等
4	防护用品	工作服、防护手套、护目镜、防尘口罩、防毒口罩、工作帽以及必要的急救药品（如洗眼水、创可贴、碘伏、眼药水）等

2. 分组

根据班级人数分成若干组（一组 4～6 人最佳），并选出一名组长，同组人员对操作、观察、记录与总结等进行分工，组长负责领取工量具、耗材等。

3. 强化安全文明生产意识

实训前认真学习相关设备安全操作规程，实训时严格执行安全操作规程，强化安全理念，树立安全意识。

二、安全文明生产检查

以小组为单位进行安全自检，并将结果记录在表 3-4-2 中。

▼ 表 3-4-2　安全检查表

班级		姓名		学号		日期	年　月　日
自检项目						记录	
检查工作服是否已穿好						是 □　否 □	
检查身上饰物是否已摘掉						是 □　否 □	
检查鞋子是否防滑、防扎、防砸						是 □　否 □	
检查工作帽、护目镜、防护手套、防毒口罩、防尘口罩等佩戴是否正确						是 □　否 □	
检查是否已把长发盘起并放入工作帽内						是 □　否 □	

三、原型件前期处理

使用手术刀、镊子、剪刀、防水胶带等工具和材料对手机外壳原型件进行前期处理。如图 3-4-5 所示为原型件前期处理所需工具。

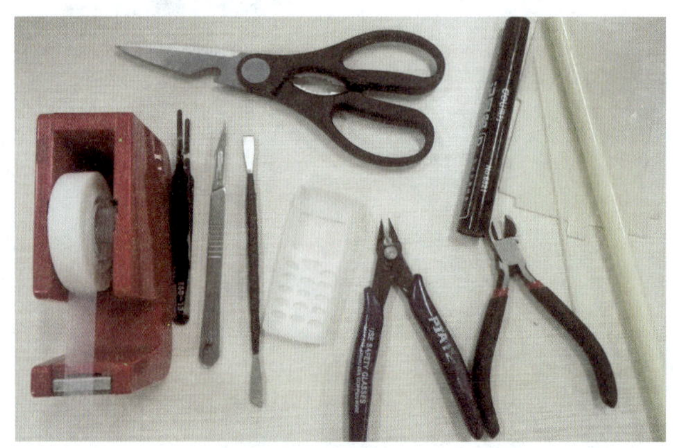

图 3-4-5　原型件前期处理所需工具

1. 对原型件进行封孔处理和开三角形硅胶排气孔，如图 3-4-6 和图 3-4-7 所示。

2. 根据原型件外形特征确定分型面，使用防水胶带贴住原型件的分模边，如图 3-4-8 所示。分模边不需要太宽，约 5 mm 即可，用剪刀将外侧多余部分剪掉，内侧多余防水胶带可以用手术刀轻轻割去。然后用颜色鲜明、反差大的记号笔在分模边的外沿涂上颜色，以便开模取样时能快速找到分模边。最后，用压刀将防水胶带压紧，如图 3-4-9 所示。

3. 设计浇注口与排气孔

（1）设计浇注口前，要先确定原型件的固定方法。根据手机外壳形状特点和外形性能要求，确定采用底板固定法来固定原型件。

（2）在原型件上制作出浇注口和预留排气孔，材料可以使用 ABS 板和 ABS 棒。分浇道处的板材厚度为 2～3 mm，浇注口处使用的棒料直径为 12 mm，排气孔处使用的棒料直径为 1.5~3 mm，长度控制在 20 mm 左右。制作好的浇注口和预留排气孔的最终效果如图 3-4-10 所示。

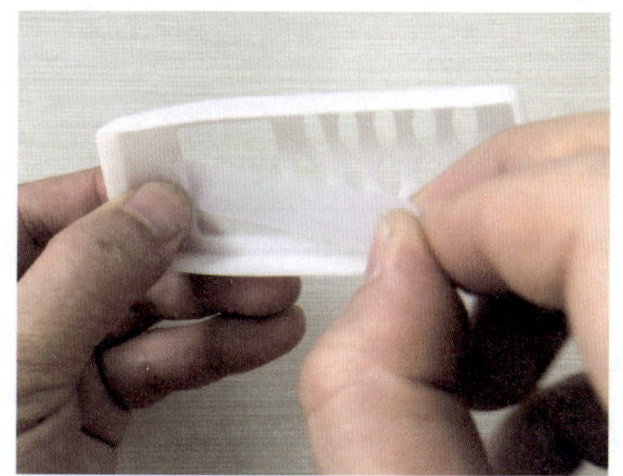

图 3-4-6 封孔

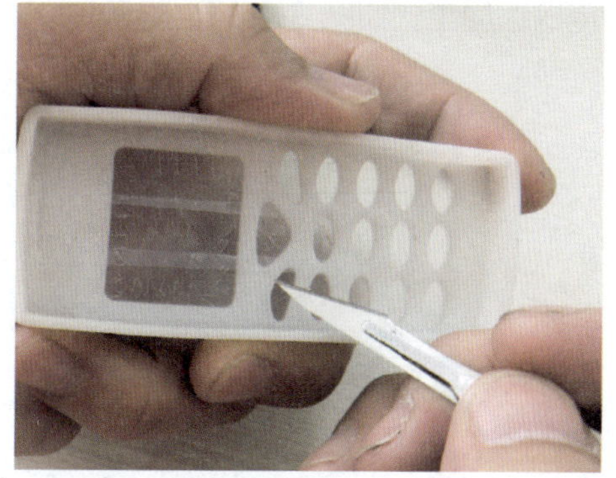

图 3-4-7 开硅胶排气孔

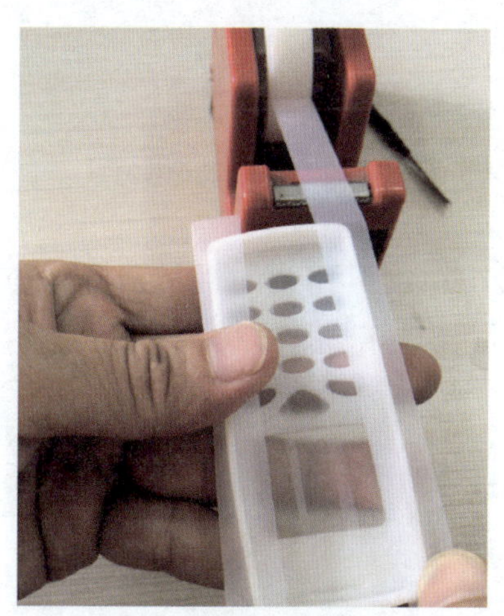

图 3-4-8 贴分模边

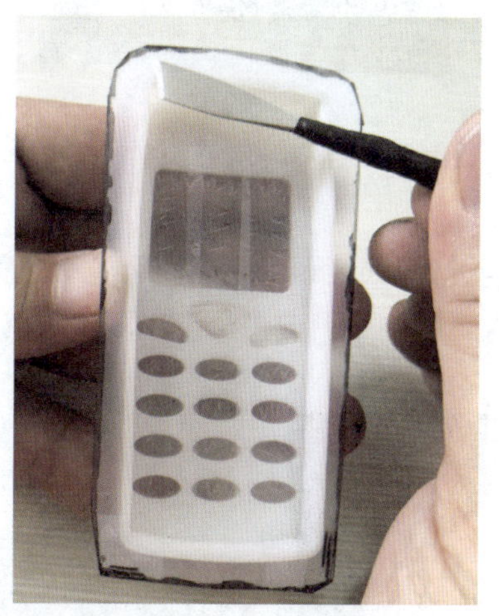

图 3-4-9 压紧防水胶带

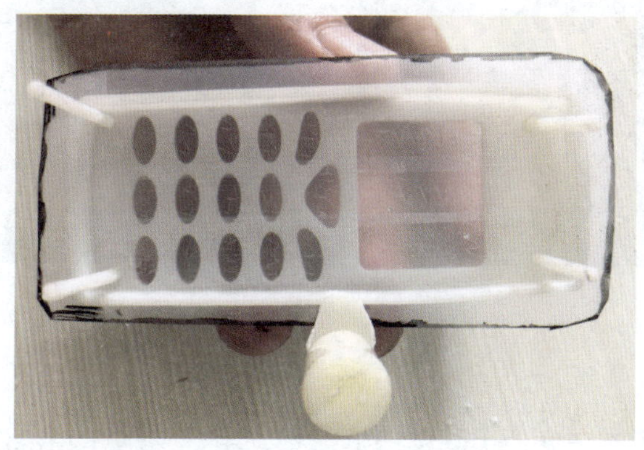

图 3-4-10 浇注口与排气孔

四、模框的设计

1. 使用 3 mm 厚的亚克力板作为模框板，根据原型件长、宽、高计算出模框板的尺寸，并用钢锯加工，如图 3-4-11 所示。

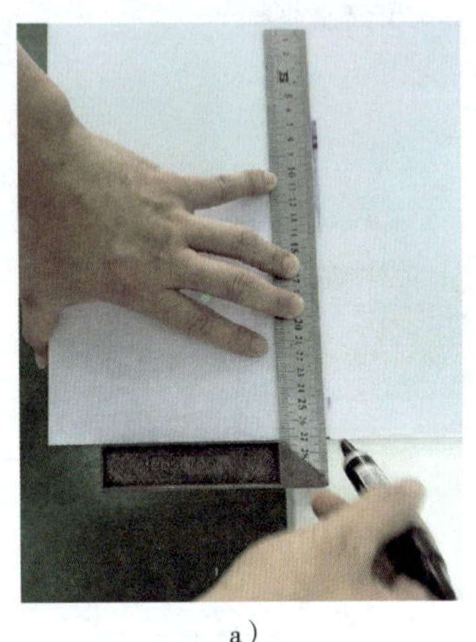
a）

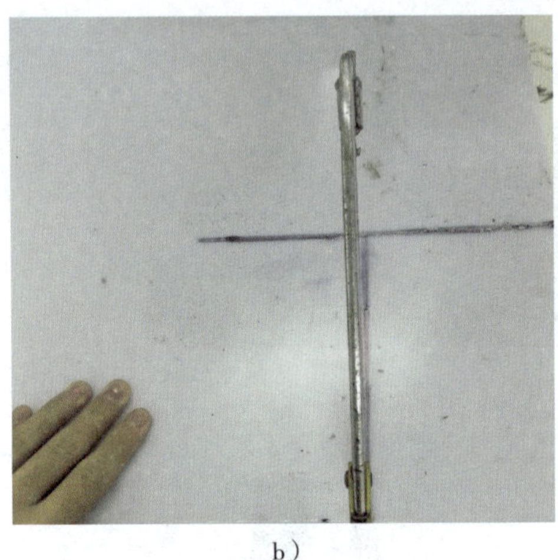
b）

图 3-4-11　设计与加工模框板

2. 用锉刀、砂纸平整模框板边，使模框板接口处缝隙尽可能小。用铲刀将模框板上的残胶和杂质清理干净，保证表面平整，如图 3-4-12 和图 3-4-13 所示。

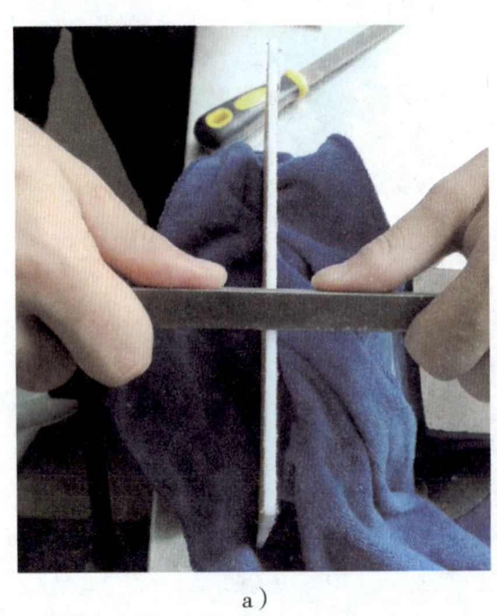
a）

b）

图 3-4-12　打磨模框板边沿

3. 根据手机外壳尺寸在底板上画出模框形状，用 502 胶水将浇注口棒和排气棒固定在底板上，如图 3-4-14 所示。

图 3-4-13　清理模框板

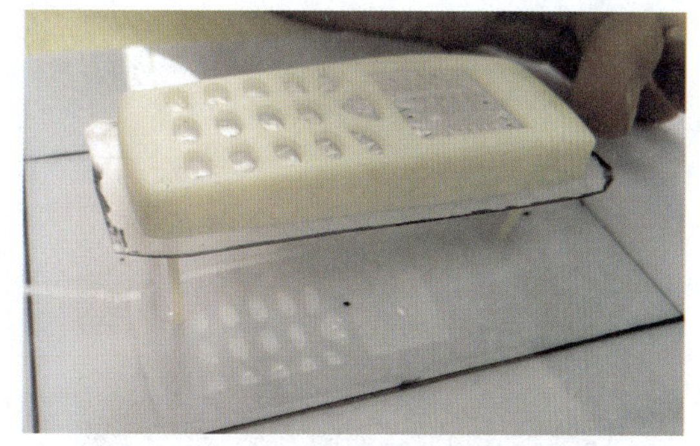

图 3-4-14　固定原型件

4. 先用 502 胶水将模框板初步粘接，如图 3-4-15 所示。待模框板稳定后，使用热熔胶枪将模框板所有接缝处填实，防止后期有硅胶从接缝处溢出，如图 3-4-16 所示。最后，用清洁布和气枪清洁模框。

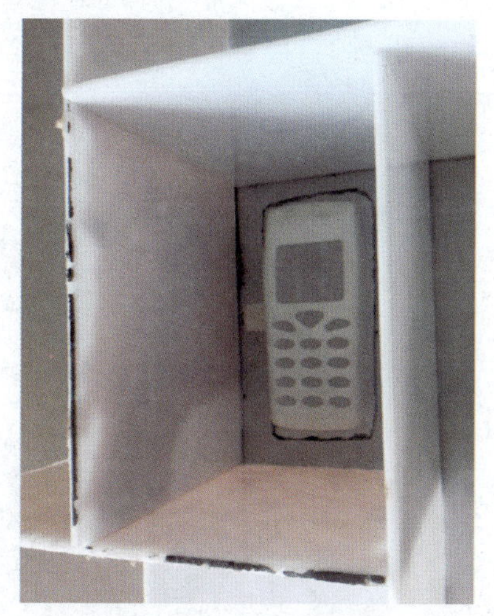

图 3-4-15　预粘模框板

图 3-4-16　固定模框板

五、灌注硅胶

1. 根据生产任务需要选用道康宁 T4 硅胶。

2. 测量模框尺寸，如图 3-4-17 所示。根据硅胶用量计算公式（$m=KV\rho$）计算硅胶质量，再将硅胶的主胶与固化剂按 10：1 的比例调配。经计算得主胶为 68 g，固化剂为 6.8 g。如图 3-4-18 所示为称量硅胶。

3. 将调配好的硅胶混合搅拌后放入真空注型机内进行第一次脱泡，如图 3-4-19 所示，脱泡时间为 8～10 min，脱泡时硅胶会产生大量气泡，当硅胶快要溢出容器时，可以降低负

图 3-4-17　测量模框尺寸

图 3-4-18　称量硅胶

压，避免硅胶溢出而造成硅胶浪费。

4. 将完成第一次脱泡的硅胶从原型件的四周倒入模框，注意不要正对着原型件浇注，以防原型件脱落或移位。要注意控制倒硅胶的速度，防止硅胶流速过快而导致原型件、排气棒等脱落或移位。待硅胶快漫过原型件时，再往原型件上倒硅胶，直到硅胶倒完。硅胶倒完后应漫过原型件整体 20～30 mm，如图 3-4-20 所示。

图 3-4-19　硅胶第一次脱泡

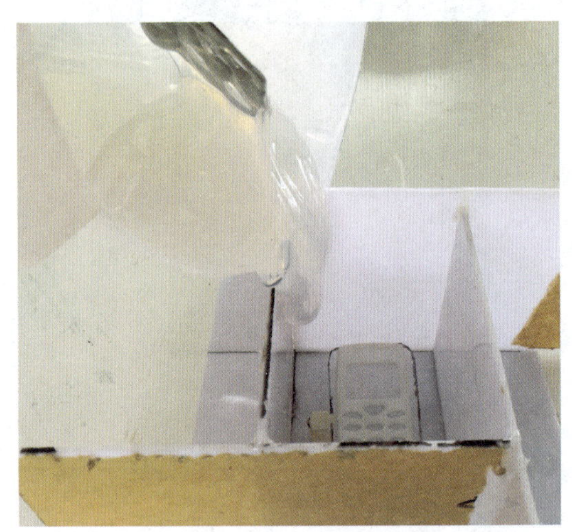

图 3-4-20　灌注硅胶

5. 把模框放进真空注型机内进行第二次脱泡，如图 3-4-21 所示。观察硅胶内不再有冒泡即完成第二次脱泡，然后取出模框。第二次脱泡时间为 10～15 min。

六、固化硅胶模具

脱泡后的硅胶模具仍然为液体，需进行固化。将模框水平放置在恒温鼓风干燥箱内，打

图 3-4-21　硅胶第二次脱泡

开恒温鼓风干燥箱电源，将温度设为 45 ℃，烘烤时间设为 8～10 h，如图 3-4-22 所示。完成烘烤后取出已固化的硅胶模具。

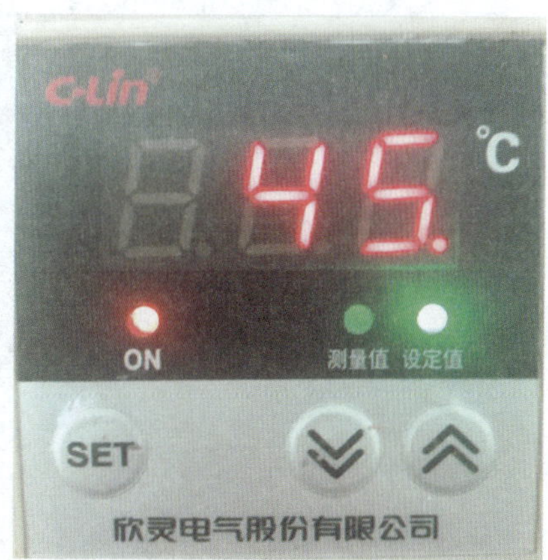

图 3-4-22　烘烤模具

七、开模

1. 硅胶模具固化完成后，拆除模框，得到未开模的硅胶模具，如图 3-4-23 所示。然后用手术刀去掉飞边，如图 3-4-24 所示。

2. 用手术刀沿着原型件分模边上的黑色线轨迹将模具分割开，割出齿状（W 或 M 状）分型面，如图 3-4-25 所示。切口深度约为 5 mm。

3. 在齿状切割刀迹的基础上利用开模钳撑开切口，用手术刀循着黑色分模边割开模具，如图 3-4-26 所示。

4. 先用气枪对着排气棒、浇注口棒、原型件吹气，再将原型件从硅胶模具中取出，然后用气枪、清洁布清理模具，如图 3-4-27 所示。

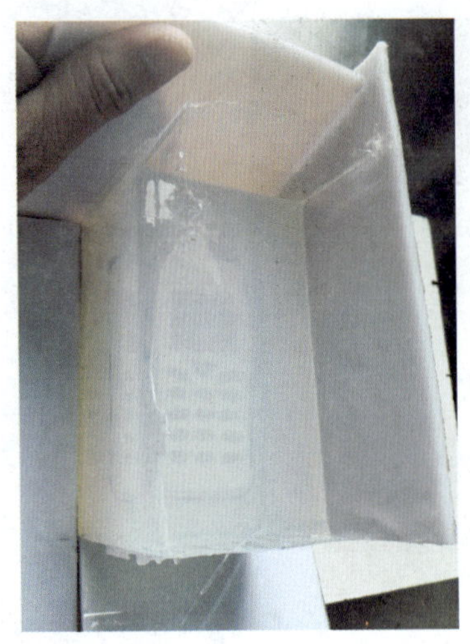
图 3-4-23 拆除模框板

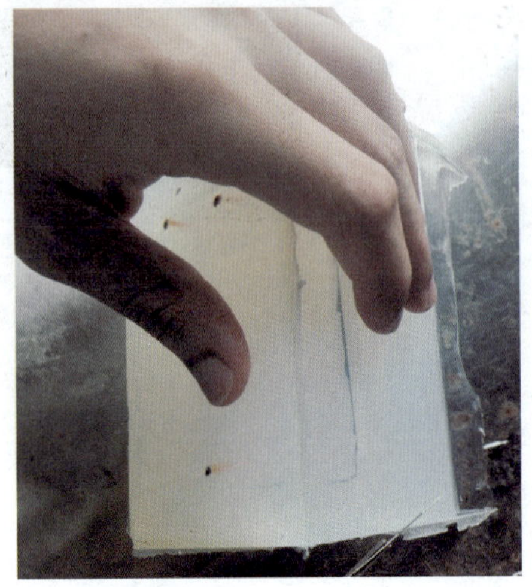
图 3-4-24 清理飞边

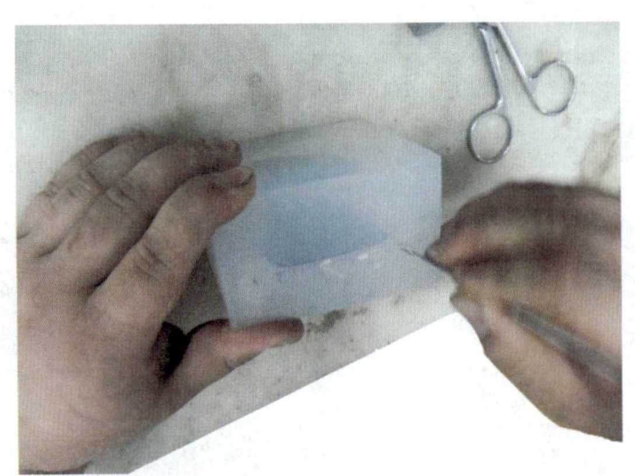
图 3-4-25 齿状的分型面

图 3-4-26 用开模钳撑开分型面

图 3-4-27 手机外壳硅胶模具

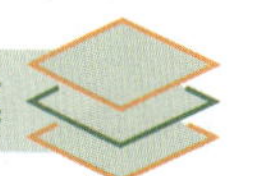

八、浇注手机外壳

图 3-4-28　将称量好的材料放到真空注型机内

1. 根据生产任务需要选用 Hei-Cast 8150 树脂作为浇注原材料。

2. 将硅胶模具放入恒温鼓风干燥箱内以 70 ℃加热 1 h 左右，然后用工业测温枪检测模具温度，当温度达到 70 ℃后即可使用。将 Hei-Cast 8150 树脂 A、B 料放入恒温鼓风干燥箱内以 40 ℃加热 2 h 左右，然后用工业测温枪检测 A、B 料温度，当温度达到 40 ℃后即可使用。

3. 根据公式 $m_{浇}=Km_{原}+m_{耗}$计算材料质量，再根据材料配比算出 m_A=100 g，m_B=50 g。待硅胶模具加热时间足够时，称量 A、B 料并将料杯放到真空注型机内相应位置，如图 3-4-28 所示。

4. 从恒温鼓风干燥箱内取出硅胶模具，在模具型芯上喷适量的脱模剂后合上模具，用有色记号笔在排气孔的位置做上标记，使用透明胶带将模具包裹起来，如图 3-4-29 所示。模具包好后，用手术刀把浇注口和排气孔所在位置的胶带刺破，如图 3-4-30 所示。

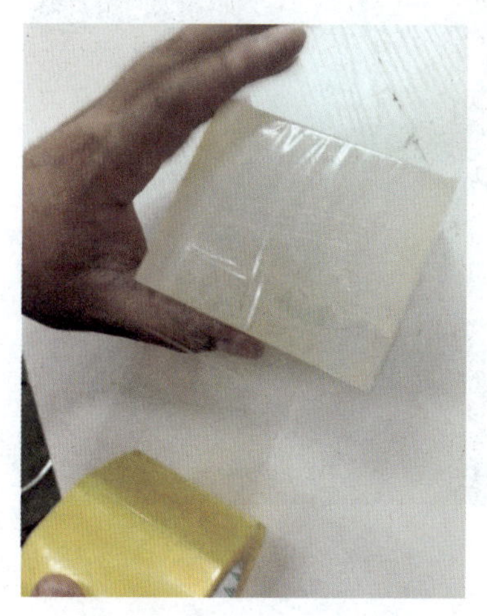

图 3-4-29　包裹模具

图 3-4-30　刺破排气孔胶带

5. 将漏斗、漏斗连接器、进料管和模具安装到真空注型机上，并将与浇注口相对的一端使用物品垫高一些，使空气集中从上部排除，如图 3-4-31 所示。

6. 关上真空注型机真空室门，抽真空并启动搅拌器。抽真空 10～15 min 后将 A 料杯材料倒入 B 料杯，如图 3-4-32 所示。A 料杯复位后再搅拌 30～60 s 后停止抽真空，再将材料倒入漏斗进行浇注，如图 3-4-33 所示。

图 3-4-31　安装模具

图 3-4-32　混合 A、B 料

图 3-4-33　浇注材料

九、浇注后硅胶模具加热与后处理

1. 将硅胶模具放置在台灯下或用手电筒检查，观察是否有特大气泡未排出，如果有可以使用排气针在气泡处刺孔排气。检查完毕将模具水平放置在恒温鼓风干燥箱内，将温度调整到 75 ℃，烘烤 40 min，如图 3-4-34 所示。

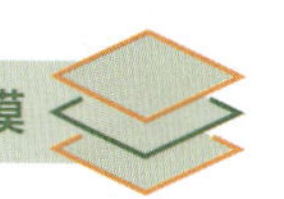

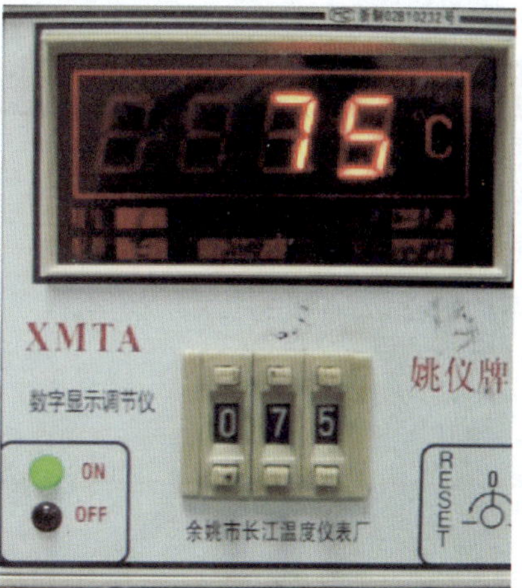

图 3-4-34　加热硅胶模具

小贴士

恒温鼓风干燥箱烘烤时间如果太短，浇注材料可能还未凝固；烘烤时间如果太长，则会影响模具的使用寿命，因此应根据不同材料设置不同的烘烤时间。

（1）软橡胶材料需要烘烤 3 h。

（2）PP 材料需要烘烤 1.5 h。

（3）ABS 材料需要烘烤 40 min。

2. 烘烤完成后打开硅胶模具，用气枪对浇注口、排气孔位置喷气后取出制件。

3. 对产品附加结构进行后处理，包括去除浇注口和排气孔残留、修补缺陷、打磨、调整尺寸等。

任务测评

按表 3-4-3 所列评价要点进行任务评价，并将结果填入表中。

▼ 表 3-4-3　任务评价表

班级		姓名		学号		日期	年　月　日
序号	评价要点					配分（分）	得分（分）
1	能熟练设计合理的模框					10	
2	能根据实际需要设计分型面、浇注口和排气孔					10	
3	能熟练制作硅胶模具					25	
4	能利用硅胶模具进行真空复模生产					25	

续表

序号	评价要点		配分（分）	得分（分）
5	安全意识、责任意识强		6	
6	积极参加学习活动，按时完成各项任务		6	
7	团队合作意识强，善于与人交流和沟通		6	
8	自觉遵守劳动纪律，不迟到、不早退，中途不离开实训现场		6	
9	严格遵守“6S”管理要求		6	
小结建议		总计	100	

任务5　真空复模制品缺陷分析与处理

学习目标

1. 了解硅胶模具应用中遇到的常见问题。
2. 了解影响硅胶模具使用寿命的事项。
3. 能分析真空复模制品常见缺陷。
4. 能解决真空复模制品常见缺陷。

任务引入

在真空复模过程中，因考虑不周或操作不规范会使真空复模制品出现问题。只有了解制品缺陷的原因，才能避免废品的出现。本任务主要工作是分析手机外壳真空复模制品的缺陷原因，并确定解决方案。

相关知识

一、硅胶模具应用中遇到的常见问题

1. 硅胶模具翻模次数少

（1）在制作硅胶模具过程中选用的硅胶硅油含量大，模具会出现翻模次数少、不耐用等

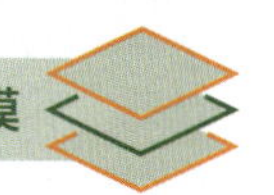

现象，因为硅油破坏了硅胶的分子量。

（2）复模小件产品、花纹比较复杂的产品，用硬度大的硅胶来制作模具会出现翻模次数少的现象，因为硅胶过硬时会很脆，容易折断。

（3）复模大件产品用硬度小的硅胶来制作模具，会出现翻模次数少的现象。因为硅胶太软，它的抗拉强度和抗撕裂强度会降低，做出来的模具会变形。

2. 硅胶模具出现烧模现象

不饱和树脂和树脂产品加入过氧化物的固化剂后，遇树脂反应会产生大量的热量，一般树脂固化时间为 3 min，所以 3 min 后要尽快脱模，才能防止硅胶模具产生烧模现象。

3. 硅胶模具表面有痕迹、条纹或不光滑

（1）复制的产品或模型没有进行打磨或抛光。要复模的原型件如果没有经过打磨或抛光，再好的硅胶做的模具也会不美观、不够光滑。

（2）在喷脱模剂的时候，没有喷洒均匀也会造成模具不光滑。

4. 硅胶模具有气泡

硅胶模具有气泡的解决办法如下：

（1）改进飞边槽与排气系统的设计。

（2）增大真空注型机的压力。

（3）减少脱模剂的用量，并均匀喷洒。

（4）控制材料水分。

（5）可以试着加些消泡剂。

（6）用真空注型机进行真空抽气，可以增加模具排气。

二、影响硅胶模具使用寿命的事项

在生产和使用硅胶模具的过程中，注意以下事项能使硅胶模具更耐用、使用寿命更长。

1. 在制作硅胶模具时，要使硅胶模具完全硫化后再使用。在室温（25 ℃左右）环境下可使硅胶模具硫化 24 h 左右。通过加热固化模具时，一般将恒温鼓风干燥箱温度设为 40～60 ℃，加热 6～10 h（根据材料和模具大小的不同，可做适当调整）。

2. 模具频繁使用时，要适量增加模具的休息时间。

3. 使用质量优良的树脂，选择发热量少的树脂。

4. 树脂要添加适量的促进剂和催化剂，并均匀混合。

5. 放置模具时不要互相堆压在一起，否则容易造成硅胶模具的弯曲和翘曲。

6. 硅胶模具如果长时间搁置不用，应灌注后放在阴凉处，避光保存。

7. 硅胶模具使用完毕后，应使用温和的肥皂水清洗。

8. 树脂产品要尽早脱模，以免模具被烧坏。

三、复模制品缺陷分析

复模制品常见的缺陷有三种：局部存在气泡、不完整、材料（局部）不固化。产生这些缺陷的原因分析见表 3-5-1。

▼ 表 3-5-1　复模制品常见缺陷及其原因分析

序号	缺陷	原因分析
1	制品局部存在气泡	1. 材料内有水分、溶剂和易挥发物 2. 注型时速度过快 3. 模具内真空度不够 4. 排气孔位置不合理，排气孔过小
2	制品不完整	1. 注型材料量不足 2. 浇注口过小，位置不合理 3. 注型材料黏度高，流动性差 4. 模具排气不良 5. 设备的真空度不够，模具内不能形成真空
3	制品材料（局部）不固化	1. 材料固化时温度过低 2. A、B 两组分的比例不正确 3. 制模时选用的硅胶不正确 4. 材料搅拌不均匀

任务实施

一、任务准备

1. 车间准备

根据任务要求联系真空复模车间管理员，提前准备相应的设备、工具、材料及防护用品等，见表 3-5-2。

▼ 表 3-5-2　设备、工具、材料及防护用品清单

序号	类别	准备内容
1	设备	空气压缩机、真空注型机、恒温鼓风干燥箱、电子秤等
2	工具	搅拌铲、一次性漏斗、水口钳、漏斗连接器、进料管、A 料杯、B 料杯、一次性 B 料杯、排气针、排气针筒、主浇道切刀、镊子、尖嘴钳、手术刀、记号笔、清洁布等
3	材料	树脂、脱模剂、透明胶带、酒精等
4	防护用品	工作服、防护手套、护目镜、防毒口罩、工作帽以及必要的急救药品（如洗眼水、创可贴、碘伏、眼药水）等

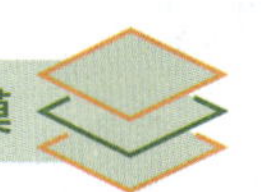

2. 分组

根据班级人数分成若干组（一组 4～6 人最佳），并选出一名组长，同组人员对操作、观察、记录与总结等进行分工，组长负责领取工量具、耗材等。

3. 强化安全文明生产意识

实训前认真学习相关设备安全操作规程，实训时严格执行安全操作规程，强化安全理念，树立安全意识。

二、安全文明生产检查

以小组为单位进行安全自检，并将结果记录在表 3-5-3 中。

▼ 表 3-5-3　安全检查表

班级		姓名		学号		日期	年　月　日
自检项目						记录	
检查工作服是否已穿好						是 □　否 □	
检查身上饰物是否已摘掉						是 □　否 □	
检查鞋子是否防滑、防扎、防砸						是 □　否 □	
检查工作帽、护目镜、防护手套、防毒口罩、防尘口罩等佩戴是否正确						是 □　否 □	
检查是否已把长发盘起并放入工作帽内						是 □　否 □	

三、手机外壳复模制品的缺陷分析与处理

如图 3-5-1 所示，本任务中手机外壳复模制品出现气泡，位置在浇注口附近。造成该缺陷的原因是浇注时倾倒材料过猛，再加上该区域排气不良，导致气泡无法排出。

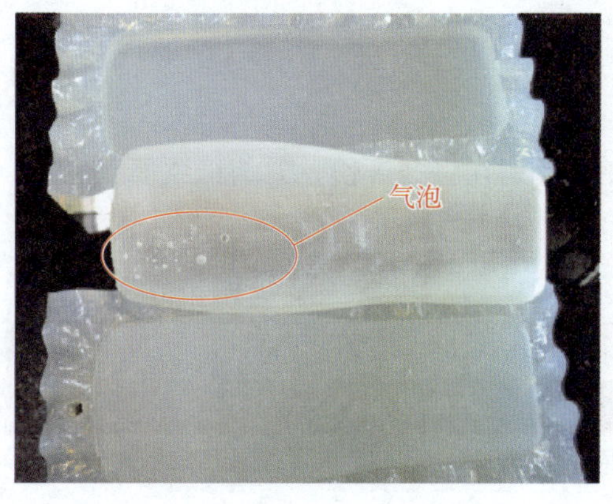

图 3-5-1　制品出现气泡

解决办法：

1. 控制好浇注速度，浇注速度不宜过快。

2. 检查原型件摆放位置和方向是否正确。原型件摆放位置和方向应如图 3-5-2a 所示，图 3-5-2b 所示摆放位置和方向是错误的。

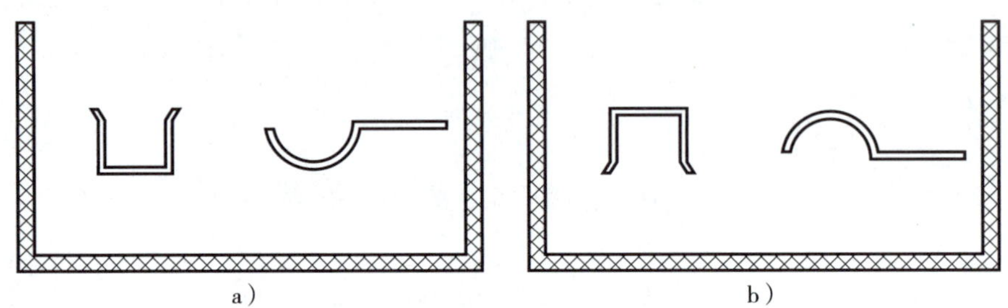

图 3-5-2　检查原型件摆放位置和方向

3. 在模具上靠近浇注口的位置增开排气孔，如图 3-5-3 所示红色线框标记的位置。

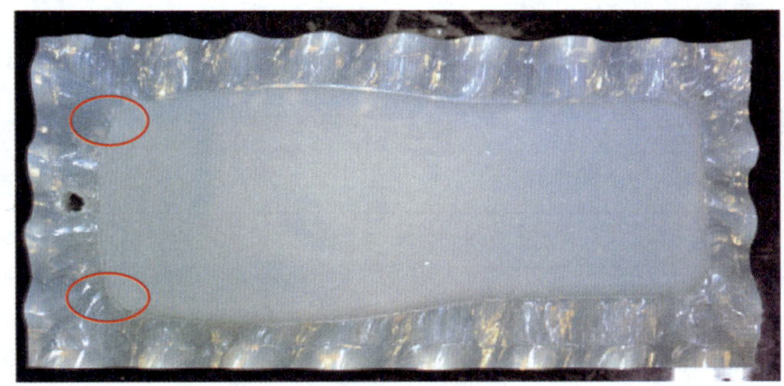
图 3-5-3　增开排气孔

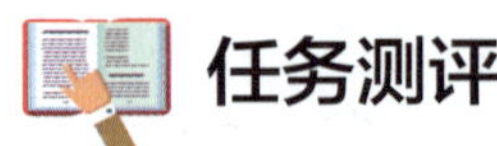

任务测评

按表 3-5-4 所列评价要点进行任务评价，并将结果填入表中。

▼ 表 3-5-4　任务评价表

班级		姓名		学号		日期	年　月　日
序号	**评价要点**					**配分（分）**	**得分（分）**
1	能正确使用硅胶模具					20	
2	能解决制品出现气泡缺陷问题					50	

续表

序号	评价要点		配分（分）	得分（分）
3	安全意识、责任意识强		6	
4	积极参加学习活动，按时完成各项任务		6	
5	团队合作意识强，善于与人交流和沟通		6	
6	自觉遵守劳动纪律，不迟到、不早退，中途不离开实训现场		6	
7	严格遵守“6S”管理要求		6	
小结建议		总计	100	

技能拓展

制品不完整、不固化缺陷分析与处理

1. 制品不完整缺陷分析与处理

图 3-5-4 所示制品产生了很大的缺口，该区域在浇注时处于料流的末端，且模具上该位置是个凹槽，容易积聚空气，所以缺陷是因为排气不畅造成的。

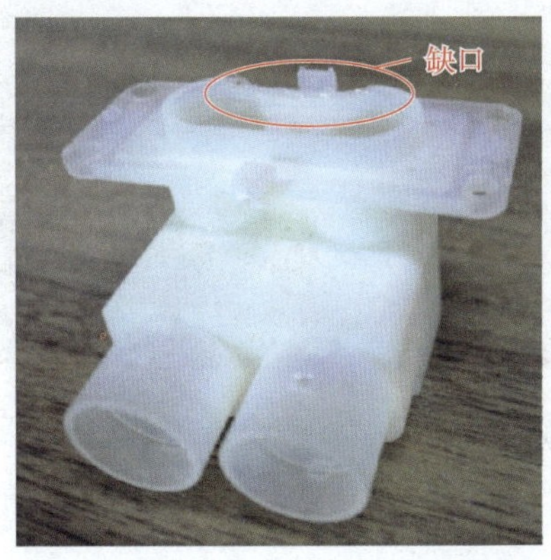

图 3-5-4　制品出现缺口

解决办法：

（1）控制好浇注速度，浇注速度不宜过快。

（2）在模具上把产生缺口对应的位置打上排气孔，如图 3-5-5 中线框标记的位置。

图 3-5-5　增开排气孔

2. 制品不固化缺陷分析与处理

材料不固化也是一种常见的缺陷，如图 3-5-6 所示，局部有材料到了脱模时间依然呈现液态。局部不固化一般要考虑是否为固化剂搅拌不均匀引起的局部缺陷。

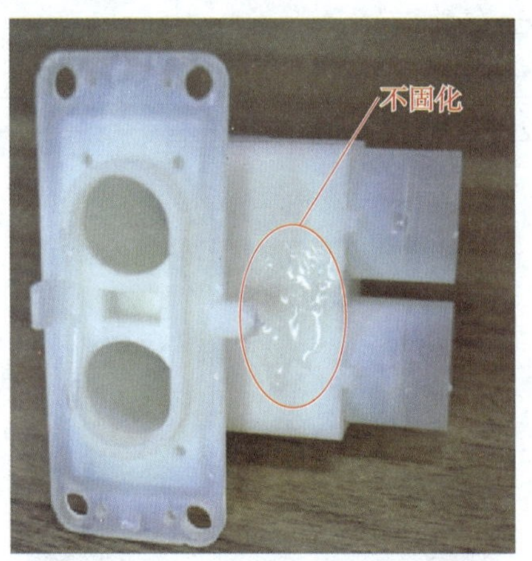

图 3-5-6　制品出现局部不固化

解决办法：

（1）A、B 料混合时，尽量避免将 B 料粘在杯壁上。

（2）搅拌时，搅拌器要贴着杯底，充分搅拌。

（3）硅胶模具和浇注材料要按要求加热。